玩转
物联网与人工智能
——基于光环板

王克伟　范伟　于敏 等 编著

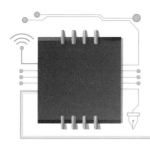

化学工业出版社

·北京·

内容简介

本书采用全彩图解的形式，通过丰富有趣的制作案例，介绍了利用光环板和慧编程进行人工智能和物联网开发的思路及技巧。

本书首先，通过设计红绿灯、跑马灯等，感受12颗LED灯组成的光环闪动的魅力。然后，使用板载的各类传感器与LED灯交互，并通过编程控制光环板，体验人机交互的快乐。接着，利用云广播实现慧编程与光环板互联，并利用慧编程玩转人工智能。最后，通过案例学习，从Scratch无缝进阶Python或Arduino。每个章节具有一定的连续性，使知识和技能的学习螺旋式上升。

本书以STEAM教育为理念，在玩中学，在做中学，每个实例都按照"做－试－创"的思路设计，循序渐进。本书适合中小学生及教师、电子爱好者等开展创客教育活动使用，也可以用作相关培训结构的教材及参考书。

图书在版编目（CIP）数据

玩转物联网与人工智能：基于光环板/王克伟等编著.
—北京：化学工业出版社，2020.10
ISBN 978-7-122-37583-4

Ⅰ.①玩… Ⅱ.①王… Ⅲ.①物联网②人工智能
Ⅳ.①TP393.4②TP18

中国版本图书馆CIP数据核字（2020）第156206号

责任编辑：耍利娜　　　　　　　　　　文字编辑：林　丹　师明远
责任校对：王　静　　　　　　　　　　装帧设计：王晓宇

出版发行：化学工业出版社（北京市东城区青年湖南街13号　邮政编码100011）
印　　装：天津图文方嘉印刷有限公司
710mm×1000mm　1/16　印张14³/₄　字数194千字　2021年1月北京第1版第1次印刷

购书咨询：010-64518888　　　　　　　售后服务：010-64518899
网　　址：http://www.cip.com.cn

本书编写人员

王克伟	临沂高都小学
范　伟	临沂高都小学
于　敏	临沂高都小学
马丽丽	沂水县实验小学
王鑫鑫	临沂第二十一中学
左成森	临沂孟园实验学校
刘　皎	莒南县光辉希望小学
张梅萍	临沂市科技馆
刘晓静	威海市荣成市教育教学研究培训中心

前言

随着大数据、云计算、物联网、AR/VR、生物识别、智能制造等技术的快速发展，数字高新技术已经渗透到我们生活的方方面面，潜移默化地改变着我们的生活方式，推动我们走进人工智能时代。让孩子学习人工智能和物联网相关知识，能够使他们具有智能时代所必需的信息技术素养，为我国人工智能人才培养奠定基础。

本书通过丰富有趣的案例，介绍了人工智能和物联网开发的工具、思路及技巧。本书所使用的硬件为光环板。光环板（HaloBoard）是Makeblock于2018年发布的一款内置Wi-Fi的单板计算机，专为编程教育而设计。光环板板载12盏RGB LED彩灯。它小巧的机身拥有丰富的电子元件，通过简单编程就可以实现各种电子创作。内置Wi-Fi天线让光环板接入互联网，实现IoT（物联网）应用，创作简易的智能家居设备，体验万物互联和人工智能。本书所使用的软件环境为慧编程（mBlock），软件兼容Scratch作品（.sb2与.sb3），内置3000+角色和海量图片，新增"设置角色中心点"等深受用户喜爱的功能，可使用Python给Scratch舞台编程，逐步从积木编程进阶到Python代码编程，创作算法和数据结构更复杂的项目。

本书共分为6章。第1章 魅力光环，通过点亮光环板，设计红绿灯、跑马灯、呼吸灯等，感受12颗LED灯组成的光环闪动的魅力。第2章 灯光交互，使用板载的声音传感器、触摸传感器、运动传感器与

LED灯交互。第3章 人机交互，通过编程控制光环板，让光环板和舞台实时互动，体验人机交互的快乐。第4章 物联网初探，利用云广播，实现慧编程与光环板互联，快速获取实时气象数据，通过数据图表的积木即可实现数据可视化。第5章 玩转人工智能，利用慧编程中的人工智能插件，实现语音识别、印刷及手写文字识别、年龄及情绪识别；利用摄像头训练机器学习模型，并运用在Scratch作品中创造AI互动作品，探索更多科技乐趣；基于微软认知服务和谷歌机器学习玩转人工智能。第6章　Python来帮忙，通过案例学习，从Scratch无缝进阶Python或Arduino。每个章节具有一定的连续性，使知识和技能的学习螺旋式上升。

光环板与慧编程的结合，能够让孩子尝试去控制机器人，创作游戏和动画，学习人工智能和物联网，并能轻松进阶Python和C等代码语言。通过一个个具体有趣的项目，让孩子发现生活、创造生活，提升人工智能素养。

欢迎关注"果壳智造"微信公众号，和一群爱好创新、创造的朋友一起交流成长。

由于编著者水平和精力有限，书中难免存在不妥之处，还望广大读者批评指正。

编著者

扫码下载源程序

目录

05 Chapter 第 5 章
玩转人工智能

06 Chapter 第 6 章
Python 来帮忙

第 1 章
魅力光环

第 1 课

点亮光环板

 可可：你手里闪闪发光的板子是什么啊？好漂亮啊！

 果果：这是光环板，别看它小，功能可真不少，尤其是光环板上的12颗LED灯能实现很多绚丽的效果呢！

 可可：我也好想探究其中的奥妙啊！

 果果：心动不如行动，接下来我们一起踏上学习光环板之旅吧！

思维向导

　　光环板（HaloBoard）是Makeblock于2018年发布的一款物联网单板计算机，专门为广大的青少年和编程爱好者设计。搭配慧编程软件，让编程变得轻松简单，每一个人都可以实现自己的智能创作。下面让我们一起打开光环板的大门，共同学习光环板和慧编程的相关知识，点亮光环板。

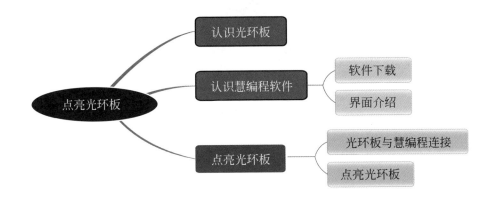

1.认识光环板

光环板是专门为编程教育而设计，它是一种无线联网的单板计算机，板载12盏RGB LED彩灯。它小巧的机身拥有丰富的电子元件，通过简单编程就可以实现各种电子创作。内置Wi-Fi天线让光环板接入互联网，实现IoT（物联网）应用，创作简易的智能家居设备，体验万物互联时代。我们先来认识一下光环板，光环板的正面和背面如下图所示：

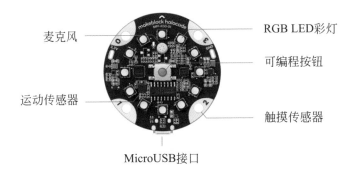

电子模块扩展接口

扩展板接口

芯片

电池接口

Wi-Fi模块蓝牙芯片

2.认识慧编程

慧编程是一款面向STEAM教育领域的积木式编程和代码编程软件，基于Scratch 3.0开发。它不仅能让用户在软件中创作有趣的故事、游戏、动画等，还能对Makeblock体系、Micro：bit、Arduino等硬件进行编程，支持一键切换Python代码语言，提供Python输入模式，同时融入AI和IoT等前沿技术。具有云存储功能，只要登录账号就能自动将"我的作品"上传到云端，实现PC端、Web端及移动端的作品即时共享。本书主要介绍慧编程的离线版的下载安装和使用。

（1）软件下载

慧编程包括桌面、在线及移动端三种，目前光环板只支持桌面端，包括Windows和Mac两个系统。

第一步，在网页地址栏输入：http：//www.mblock.cc/，打开慧编程mBlock主页，单击"立即下载"选项。

第二步，选择"Windows"，单击"下载"，保存到计算机的合适位置。

（2）软件安装

双击下载后的慧编程安装程序文件![icon]，开始安装慧编程软件。

第一步，选择安装期间使用的语言为中文（简体）。

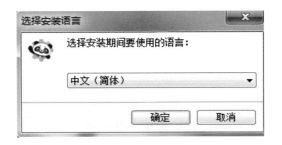

第二步，选择安装目标位置，默认安装在C盘下的Program Data文件夹下，也可以通过浏览选项将其安装到自己设定的目标位置。

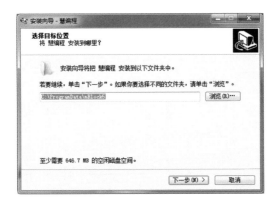

第三步，一直单击"下一步"按钮，慧编程开始安装程序。

第四步，单击"完成"按钮，程序安装完成。

（3）界面介绍

在桌面上双击慧编程图标，启动慧编程软件。启动后的软件界面如下图所示：

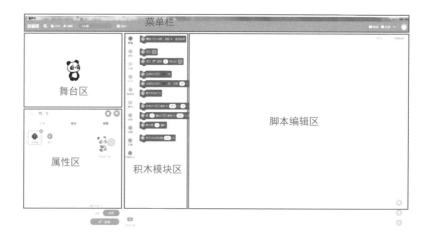

慧编程的界面主要包括1个板块和4个区域。1个板块是菜单栏，用于语言选择和文件操作等；4个区域依次为舞台区、属性区、积木模块区和脚本编辑区。

菜单栏包含界面语言、文件、编辑、文件名、保存、发布、本地文件、赛事、教程、反馈、更多选项和用户登录等菜单。如下图所示：

界面语言菜单：包括多国语言，本书默认选择"简体中文"选项。

文件菜单：可以对文件进行新建、打开、另存为、从计算机导入、另存到计算机等操作。

编辑菜单：可以打开舞台的加速模式，加快程序的运行速度，还可以隐藏舞台，方便积木的搭建。

菜单栏中间位置的菜单：包含程序的名字，可以直接在文本框内进行修改，保存和发布到慧编程社区。

玩转物联网与人工智能——基于光环板

赛事、教程、反馈、更多选项菜单：菜单栏的右侧有四个菜单，单击"赛事"会链接慧编程的一些科技竞赛活动网页，单击"教程"的"用户指引"会链接到慧编程网站用户帮助；单击"示例程序"，弹出一些简单的示例程序；单击反馈会将使用中出现的问题反馈到慧编程；单击更多菜单，可以对慧编程软件进行检查更新，了解更多慧编程的介绍。

舞台区：默认一只熊猫在舞台上，主要用来显示程序的运行效果。可以单击左下角的三个按钮，更改舞台的大小。单击绿色的旗子，程序开始运行。单击红色圆圈，程序停止。

登录选项：单击右上角菜单，会出现登录对话框。登录后就可以发布作品，与网上的小伙伴一起交流分享自己的创作。

属性区：下面包括三个属性：设备、角色、背景，及设备连接区。

积木模块区：每个模块都有一种专属颜色，单击任意一个模块，右侧的积木选择区就会自动显示该模块下的积木块。

脚本编辑区：分为积木编程和Python编程，两种语言可以互相切换。在窗口的最右侧，单击 按钮，可以查看当前编程积木的Python代码，便于我们通过对照图形化积木学习Python语言。

小试牛刀

1.认识新积木块

：位于"事件"模块区，当按钮被按下时，程序开始运行。

：位于"灯光"模块区，播放LED动画直到结束，可以选择彩虹、浪花、流星、萤火虫四个LED动画中的任何一个直到结束。如右图所示：

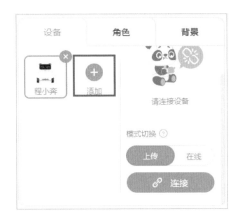：位于"灯光"模块区，熄灭所有灯光，光环板上的所有LED灯都处于熄灭状态。

2.光环板与慧编程连接

① 在属性区，选择"设备"选项卡，单击"添加"按钮，添加设备。

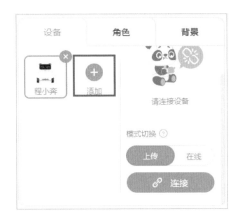

② 在弹出的设备库页面，选中"光环板"，单击"确定"。

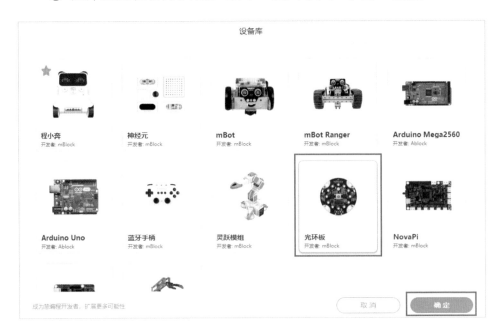

默认的常用设备为程小奔，可以单击光环板左上角的☆将其设置为常用设备。

③ 使用 Micro USB 数据线将光环板连接到电脑的 USB 口。

④ 选中"光环板"，单击"连接"，弹出连接设备窗口，慧编程会自动检测光环板的串口，单击"连接"即可。

玩转物联网与人工智能——基于光环板

3.点亮光环板

通过前文的介绍，我们对光环板有了一定了解。拖动位于"事件"模块区的 当按钮被按下时 积木放置于脚本编辑区，接着拖动位于"灯光"模块区的 播放 LED 动画 彩虹 ▼ 直到结束 和 熄灭所有灯光 积木放置于脚本编辑区，并与 当按钮被按下时 积木连接。

参考程序如下图所示：

单击"连接"光环板，选择"上传"模式，接着单击"上传到设备"，等待上传完成。按下光环板上的按钮，让光环板的灯光像彩虹一样闪烁起来吧！

光环板效果图如下图所示：

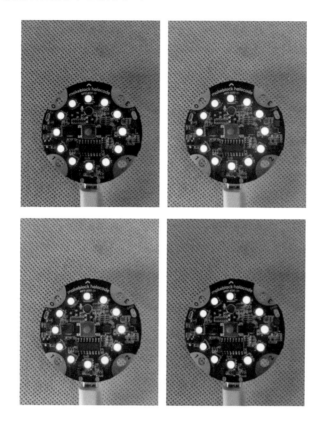

4.优化提升

在前面的项目中，只使用了"彩虹"一个LED动画效果，重新编写一个程序将彩虹、浪花、流星、萤火虫四个LED动画全部使用，观察一下，哪个效果最绚丽！参考程序如下图所示：

挑战自我

1. 想一想，如果上面的程序没有 ⟨熄灭所有灯光⟩ 积木块，会是什么效果？动手测试一下吧！

2. 尝试将彩虹、浪花、流星、萤火虫四个LED动画间隔一定的时间依次显示（提示：若想做出灯光闪烁效果，需要用到 ⟨等待 1 秒⟩ 积木块）。

知识加油站

编程模式知多少

光环板编程模式分为"在线"和"上传"两种，当光环板连接到慧编程后，默认启动在线模式。

"在线"模式下，编程有以下特性：程序不需要上传到设备运行，无"上传到设备"按钮，鼠标单击可直接运行程序，方便检测程序效果。若更改程序，再次单击运行就可以看到新的效果。但需要注意的是，光环板必须与慧编程保持连接才可运行程序，不可离线运行。

"上传"模式下，编程有以下特性：所有程序必须上传到光环板运行。程序可离线运行。只要光环板有外接电源，与慧编程断开连接后仍会运行程序。关机再重新开机，光环板仍会运行关机前最后上传的程序。

第 2 课

红绿灯

 可可：快来看，现在是上班高峰期，但是各个路口车辆却秩序井然地行驶着。

 果果：这多亏有红绿灯，司机根据红绿灯的信号行驶，才能保障交通的顺畅，怎么才能实现智能控制红绿灯的交替运行呢？不如我们今天就一起用光环板制作红绿灯吧！

思维向导

历史上第一个红绿灯灯柱高7米，柱上挂着一盏红、绿两色的提灯，在灯的脚下，一名手持长杆的警察牵动皮带转换提灯的颜色。随着时代的发展，红绿灯也从手牵皮带转变为电气控制。从采用计算机控制到现代化的电子定时监控，红绿灯不断地更新、发展和完善，提高了道路使用效率，减少了交通事故，指挥着车辆和行人安全有序地通行。本节我们利用光环板制作红绿灯，通过改变光环板的灯光颜色，模拟红绿灯的工作过程。

玩转物联网与人工智能——基于光环板

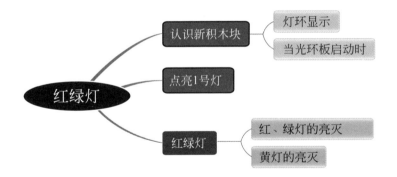

光环板上有12盏RGB全彩灯，对应着表盘上的12个时刻，最上面的LED是12号灯，最下面的LED灯是6号灯，灯与灯之间的排序也是和时钟一一对应的，比如与3点钟位置对应的是光环板的第3盏灯。

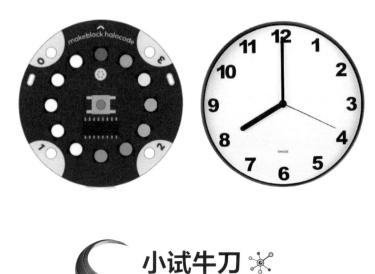

小试牛刀

1. 认识新积木块

：“灯环显示”积木位于“灯光”模块中，单击灯环位置即可设置光环板中每盏LED灯的颜色，设置好后单击右侧的"保存"按钮，即可保存当前的灯环颜色设置。设置好灯环颜色之后，单击"确定",如下图所示：

 ：位于"事件"模块区,当光环板启动时,程序开始运行。

2.点亮1号灯

如果只想让1号灯亮红色,其他灯灭,可设置1号灯为红色,其他灯为灰色（灰色即为灯灭的状态）,如下图所示：

参考程序如下图所示：

当光环板的按钮被按下的时候，1号LED灯显示红色。

光环板效果如下图所示：

3.优化提升——制作红绿灯

通过点亮1号LED灯的任务，我们已经学会精确地控制某盏灯的颜色及亮灭，接下来的红绿灯制作，主要用到3、6、9、12号灯，当6、12号绿灯亮时，3、9号红灯亮。

第一步，设置红、绿灯。拖出  积木块，并把6、12号灯设置为绿色，3、9号灯设置为红色，熄灭其他灯，保持这个状态3秒，这里需要用到"控制"模块分类中的"等待"积木块，等待3秒。

参考程序如下图所示：

第二步，设置黄灯。红绿灯亮3秒后，把3、6、9、12号灯设置为黄色，等待1秒，表示黄灯亮了，提醒大家"等一等"。然后6、12号灯设置为红色，3、9号灯设置为绿色，这个过程是循环进行的，需添加"重复循环"积木块。

参考程序如下图所示：

光环板效果如下图所示：

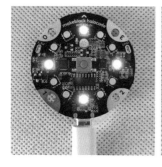  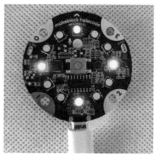

挑战自我

1.在上面的项目中，我们通过 显示 模拟了红绿灯的交替亮灭原理，实际生活中为了更好地达到警醒作用，绿灯快结束后会有"黄闪"，你能制作出"黄闪"的效果吗？

2.用光环板灯光的闪烁模拟救护车声音（救护车是高音1秒，平音1秒，间隔1秒，循环反复），利用控制类和灯光类等积木，尝试自己编写模拟救护车声音的程序。

知识加油站

红绿科学

根据光学原理，红色光的波长很长，穿透空气的能力强，而且比其他信号更引人注意，所以作为禁止通行的信号。采用绿色作为通过信号，是因为红色和绿色的区别最大，易于分辨（红绿色盲统计概率上是少数）。此外，颜色也能表达出一些特定的含义，要表达热或剧烈的话，最强是红色，其次是黄色，绿色则有较冷及平静的含义。因此，人们常以红色代表危险，黄色代表警示，绿色代表安全。

第 3 课

跑马灯

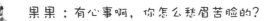

果果：有心事啊，你怎么愁眉苦脸的？

可可：科技节快要到了，我负责装饰创客空间，我想装饰得漂亮些，没有什么好的创意呢。

果果：我给你一个建议，做个跑马装饰灯怎么样？

可可：好主意！我已经迫不及待地想用光环板来制作一个跑马灯了！

思维向导

随着生活品质的提高，电子跑马灯装饰着我们的节日生活，带来很多炫酷的视觉感受。它的制作原理通常是用一个控制器把电路搭好，在电脑上写好代码，编译产生程序文件，把这个文件下载到控制器里，通过控制器来实现炫酷的色彩变化。本节课我们利用光环板和慧编程结合制作一个简单的电子跑马灯。

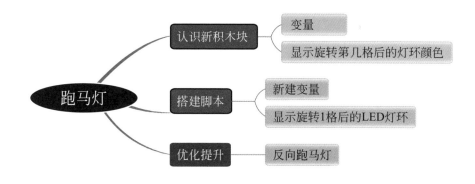

小试牛刀

1.认识新积木块

"变量"积木块位于"变量"模块中,包括"建立一个变量"和"建立一个列表",用于新建一个变量或者新建一个列表。比如,单击建立一个变量,在弹出的对话框中输入变量名"n",点击"确定",会在变量模块中新增以下积木块。

:显示旋转几格后的灯环颜色积木块位于"灯光"模块中,用于设置光环板LED灯环显示为设置的颜色顺时针旋转1格。

当按钮被按下时:位于"事件"模块区,当按钮被按下时,程序开始运行。

2.搭建脚本

第一步，新建变量。新建变量并命名为"n"，将变量"n"的值设为0。如下图所示：

第二步，显示旋转1格后的LED灯环。将"运算"模块中的"加运算"拖出，设置为"变量n+1"，如图所示： n + 1 ，并将其拖至 显示 旋转 1 格后的 参数槽中。如下图所示：

第三步，完善程序。为了使效果更明显，添加 等待 0.1 秒 积木块，因为整个过程是重复的，最后添加重复执行命令。

参考程序如下图所示：

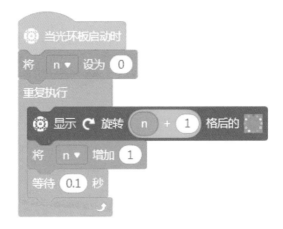

通过测试，当光环板启动的时候，彩色灯环跑动起来，形成了跑马流水灯的效果。

光环板效果图如下图所示：

3.优化提升——反向跑马灯

刚才我们制作出跑马灯顺时针旋转的效果，实际上其逆时针旋转的效果也很容易实现。优化程序，当光环板启动时，跑马灯顺时针旋转，当光环板上的按钮被按下时，跑马灯逆时针旋转。

参考程序如下图所示：

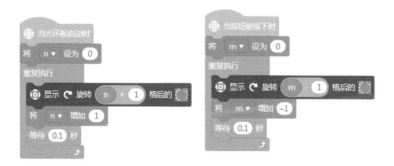

 挑战自我

优化提升中的代码看明白了吗？我来考考你：

1.尝试改变一下等待时间，让跑马灯跑起来更顺畅、逼真一些。

2.尝试把跑马灯的颜色变成自己想要的颜色，在跑马灯基础上加入闪烁的跑马灯。

 知识加油站

跑马灯

　　传统意义上的跑马灯又叫走马灯、串马灯，是中国传统玩具之一，常见于元宵、中秋等节日。灯内点上蜡烛，蜡烛产生的热力形成气流，令轮轴转动。轮轴上有剪纸，烛光将剪纸的影子投射在屏上，图像便不断走动。因多在灯各个面上绘制古代武将骑马的图画，而灯转动时看起来好像几个人你追我赶一样，故名走马灯。走马灯内的蜡烛需要切成小段，放入走马灯时要放正，切勿斜放。

第 4 课

呼吸灯

 果果：♪♩♩♪深呼吸，闭上你的眼睛，全世界有最清新氧气……

 可可：果果，你唱得真好听！

 果果：呼吸对于我们来说至关重要，听说光环板还有一个更神奇的
功能，上面的LED灯能像我们的呼吸一样——逐渐亮起又逐渐
熄灭。

 可可：我一定要加把劲，努力学习制作呼吸灯。

思维向导

　　呼吸分为两个过程，一个是"呼"的过程，一个是"吸"
的过程。人平时的呼吸频率大概是呼一次2秒，吸一次也是2
秒。呼吸灯的原理是利用灯光的强弱模拟人们的呼吸频率，这
种经常使用到却不被关注到的频率会给人带来一种莫名的舒适
感。本节课我们利用光环板制作呼吸灯，在"一呼一吸"之间
感受编程与科技的魅力。

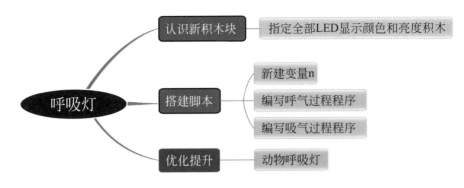

1.认识新积木块

"全部LED显示颜色和亮度"积木块位于"灯光"模块中，用来设置光环板所有LED灯的颜色和亮度，亮度的取值为0～100%，0表示最暗，100%表示最亮。

2.搭建脚本

第一步，新建变量。呼吸灯是模拟人呼气吸气的过程，我们可以让灯光的亮度从0缓慢增加到100%，再由100%缓慢减少到0。新建变量并命名为"n"，将变量"n"的值设为0。

如图所示：

第二步，呼气过程。将变量"n"拖至亮度参数槽中，设置变量"n"每次增加5，重复执行20次，使其由0缓慢增加到100，完成呼气过程。

参考程序如图所示：

```
重复执行 20 次
  全部LED显示 ( )色，亮度 n %
  将 n▼ 增加 5
  等待 0.1 秒
```

变量 "n" 每增加5，等待0.1秒，重复执行20次用时为2秒，从而保证灯光的明暗变化基本上和人的呼吸频率一致。

第三步，吸气过程。吸气和呼气的过程是正好相反的，将变量 "n" 每次减少5也就是每次增加−5，重复执行20次，也就达到了从100缓慢减少到0的效果。

参考程序如图所示：

```
重复执行 20 次
  全部LED显示 ( )色，亮度 n %
  将 n▼ 增加 −5
  等待 0.1 秒
```

第四步，完善程序并测试。当光环板上的按钮被按下的时候，全部的LED灯显示绿色，在2秒的时间内亮度逐渐增加，接着在2秒的时间内亮度逐渐减小，模拟了人的呼吸过程。

最终参考程序如图所示：

```
当按钮被按下时
将 n▼ 设为 0
重复执行
  重复执行 20 次
    全部LED显示 ( )色，亮度 n %
    将 n▼ 增加 5
    等待 0.1 秒
  重复执行 20 次
    全部LED显示 ( )色，亮度 n %
    将 n▼ 增加 −5
    等待 0.1 秒
```

光环板效果如下：

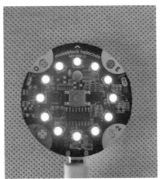

3.优化提升

刚才我们利用 " 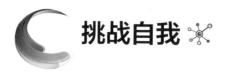 " 积木块根据人类的呼吸频率模拟制作出了人类呼吸灯。动物和人类的呼吸频率是不同的，如果想模拟不同动物的呼吸频率制作动物呼吸灯，就需要反复地更改重复次数和变量 "n" 的增加量，非常烦琐，下面我们一起改进程序，让更改的过程变得简洁高效，只需要修改变量 m 就可以达到呼吸频率变化的效果。

参考程序如图所示：

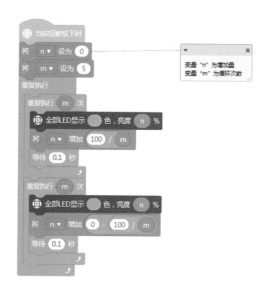

挑战自我

优化提升中的代码看明白了吗？我来考考你：

1.想一想，将变量 "n" 增加 ![0 - 100 / m] 是什么意思？程序是如何实现 LED 灯越来越暗的？

2.成人平静（包括睡眠）时的呼吸频率为每分钟 16 ～ 18 次，儿童约为每分钟20次；一般女性比男性快1～2次。白天活动时的呼吸频率根据活动强度不同又有所不同，比如慢跑与快跑相差甚远。我们尝试理解灯最亮为255，最暗为0，编写出跟儿童的呼吸频率一致的呼吸灯。

 知识加油站

手机呼吸灯

呼吸灯是现在很多智能手机上都配备的一种部件，它其实是一种以闪光作为视觉提示的提示器。当手机上存在未处理信息时，如新接收信息未读、未接来电、新QQ信息等，呼吸灯都会在手机处于待机状态时闪烁提醒以便人们及时处理，这样我们就可以在不点亮屏幕的情况下，看一眼就知道手机上面是否来通知了。另外，当手机电量下降到一定水平时，呼吸灯也会以红色闪烁提醒人们及时充电，以防止发生设备因为没电而产生数据丢失的情况。总而言之，呼吸灯属于弱通知，其提醒的意义大于通知。

第 **2** 章
灯光交互

第 5 课

变脸

 果果：你知道川剧的绝活是什么吗？

 可可：当然是变脸了！

 果果：咱们用光环板表演一下变脸怎么样？

 可可：利用光环板上的LED制作不同的脸型，这是电子变脸！

思维向导

变脸的技艺成形于二十世纪。经过不断演变，变脸渐渐成为川剧的一大特色。川剧的悲剧极有特色，喜剧独树一帜，变脸作为一种对人物内心非常独特的表现手法，凡是情感波折、内心激变之处，皆有其用武之地。本节课我们利用光环板和慧编程结合，制作简单的电子变脸作品，体验科技与传统戏曲艺术的完美融合。

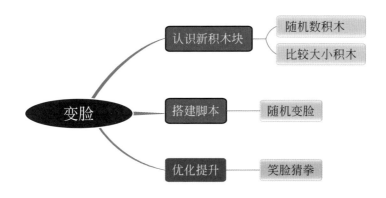

小试牛刀

1.认识新积木块

 ："随机数"积木块位于"运算"模块中，用于在指定区间内取随机数。比如在1和10之间取随机数，表示这个数是 1 ～ 10 之间的任意整数。

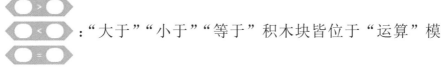 ："大于""小于""等于"积木块皆位于"运算"模块中，用来比较数值的大小，返回一个真或假的布尔值。

2.搭建脚本

我们先来编写一个简单的变脸程序，使用"灯光"模块分类中的 ![积木] 积木设置一张灯光笑脸，如下图所示：

我们想让这张"笑脸"随机地出现在12颗LED上，这时候需要"随机数"积木，将 在 1 和 10 之间取随机数 积木拖至  参数槽中。

参考程序如下图所示：

当按钮被按下的时候，灯光笑脸就会随机出现在光环板上。

光环板效果如下图所示：

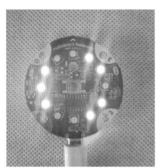 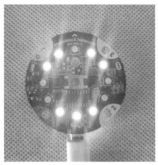 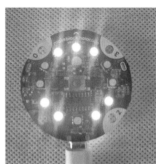

3.优化提升——笑脸猜拳

刚才我们体验制作了一个简单的变脸程序。接下来我们一起制作一个笑脸猜拳小游戏：红方和蓝方猜拳比赛，通过光环板笑脸的颜色判断谁输谁赢。

第一步，新建变量。新建两个变量，分别命名为"红方""蓝方"，并将"红方""蓝方"分别设置为1～3之间的随机数，如图所示：

第二步，条件判断。

如果"红方"数值大于"蓝方"数值，那么亮红色笑脸，表示红方赢；

如果"红方"数值小于"蓝方"数值，那么亮蓝色笑脸，表示蓝方赢；

如果"红方"数值等于"蓝方"数值，那么一半亮红色，一半亮蓝色，表示双方平局。

第三步，完善程序并测试。

最终参考程序如下图：

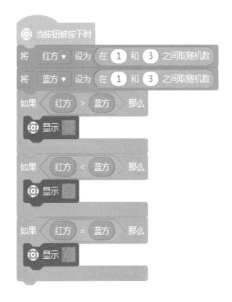

经过多次测试，红方胜出、失败、平局的概率各为三分之一，蓝方也是如此。

光环板效果如下图所示：

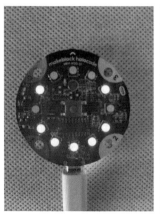 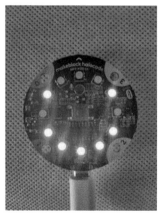 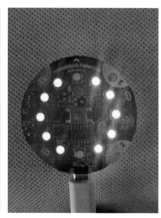

挑战自我

优化提升中的代码看明白了吗？我来考考你：

1.想一想为什么红蓝双方的随机数设置在1～3之间呢？设为其他区间可以吗？

2.根据本节课所学知识，制作一个掷骰子小游戏，掷得的点数为5或6，赢得比赛。

 知识加油站

控制结构

程序运行有三种最基本的结构，即顺序结构、选择结构和循环结构。

顺序结构：程序由上而下运行执行指令。

选择结构：满足条件就执行指令A，不满足条件就执行指令B。

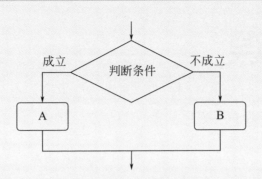

循环结构：如下图所示的虚线框内所示为一个循环结构，会反复执行某一部分程序代码，一般还有一个判断框用来判断是否跳出循环体。

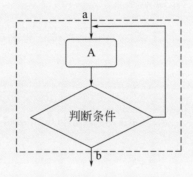

第 6 课

地震报警器

 果果：你知道地动仪是谁发明的吗？

 可可：张衡！这可难不倒我。

 果果：答对了！为了感知地震的方位，张衡经过长年研究，发明了
地动仪。

 可可：我们是不是可以利用光环板制作地震报警器呢？

 果果：当然可以，现在我们就试着制作地震报警器吧。

思维向导

地震又称地动、地振动，是地壳快速释放能量的过程中造
成振动的一种自然现象。地震常常造成严重的人员伤亡，能引
起火灾、水灾、有毒气体泄漏、细菌及放射性物质扩散，还可
能造成海啸、滑坡、崩塌、地裂缝等次生灾害。本节课我们利
用光环板制作地震报警器，当振动大于某个值时，光环板发出
灯光警报。

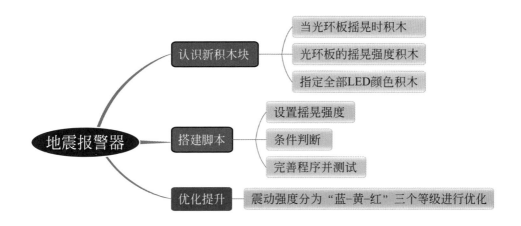

小试牛刀 ✳

1.认识新积木

当光环板摇晃时:"当光环板摇晃时"积木位于"事件"模块中,当光环板摇晃时,程序开始运行。

光环板的摇晃强度:"光环板的摇晃强度"积木位于"感知"模块中,用来返回光环板的摇晃强度数值,数值范围在0～100之间。

全部LED显示○色:"指定全部LED颜色"积木位于"灯光"模块中,用来设置光环板所有LED灯为指定颜色。

2.搭建脚本

第一步,设置摇晃强度。假设当光环板的摇晃强度大于20时,光环板发出警报。将"光环板的摇晃强度"积木拖至" ⬡>⬡ "积木的左侧参数槽中,右侧参数槽为20,如图所示:

$$光环板的摇晃强度 > 20$$

第二步，红灯闪烁报警。判断"光环板的摇晃强度大于20"这个条件是否成立，如果成立，那么光环板红灯闪烁10次表示危险预警，这里需要用到"重复执行"积木。

参考程序如下图所示：

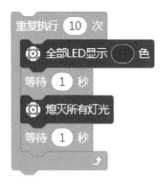

第三步，完善程序并测试。如果光环板的摇晃强度没有达到20，光环板上所有的LED灯熄灭；如果光环板的摇晃强度达到20以上，光环板上所有的LED灯显示红色，并每隔1秒闪烁起来。

最终参考程序图：

3.优化提升

接下来将上述程序进行优化，将振动强度分为"蓝-黄-红"三个等级，振动强度越强，相应颜色的灯光闪烁的频率越快。

如果判断光环板的摇晃强度大于5且小于10，重复执行5次：全部LED灯显示蓝色，等待0.5秒，接着熄灭所有灯光，等待0.5秒，从而实现全部LED灯显示蓝色并闪烁的效果。

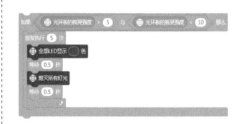

如果光环板的摇晃强度大于10且小于20，重复执行5次：全部LED灯显示黄色，等待0.3秒，接着熄灭所有灯光，等待0.3秒，从而实现全部LED灯显示黄色并闪烁的效果。

如果光环板的摇晃强度大于20，重复执行10次：全部LED灯显示红色，等待0.1秒，接着熄灭所有灯光，等待0.1秒，从而实现全部LED灯显示红色并闪烁的效果。

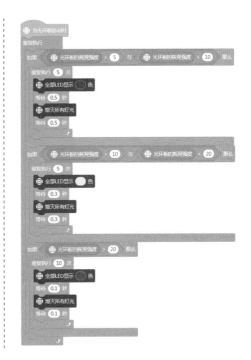

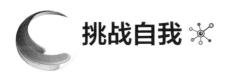

最终参考程序如图所示：

挑战自我

优化提升中的代码看明白了吗？我来考考你：

1. 把  改为

光环板的摇晃强度 > 5 或 光环板的摇晃强度 < 10 可以吗？测试一下更改后的程序有什么变化？

2. 根据本节课所学知识，制作一个振动指示灯，通过光环板上亮灯的个数和颜色来体现振动的等级。应该怎么实现呢？

知识加油站

地震等级

地震等级是里氏地震规模大小的一种度量，根据地震释放能量多少来划分，每增强一级，释放的能量约增加32倍。

第一级，人们并未感觉到震动。

第二级，人在高楼才能感觉晃动。

第三级，在地面的室内能感觉到，悬挂对象也晃动。

第四级，连汽车也晃动，严重的话木墙或窗架会出现裂缝。

第五级，容器中的液体溅出，睡觉的人会被震醒，小物体会移位。

第六级，墙上挂的图画会掉下，家具移动，人们会因为害怕纷纷逃到屋外。

第七级，人会站立不稳，池塘出现水波。

第八级，砖石墙部分破裂倒塌，树枝断落。

第九级，地下水管破裂，地面出现裂缝，小建筑物倒塌等。

第十级，水库出现裂缝、桥梁被破坏，铁路扭曲等。

第十一级，地下水管及阴沟系统全被破坏。

第十二级，全面破坏，连巨石也振动移位。

第 7 课

魔法摇摇灯

果果：我下周要去参加一个明星的演唱会，好激动啊！

可可：看把你高兴的。我送你一个参加演唱会的必备法宝吧。

果果：什么呀？

可可：电子荧光棒，我称它为魔法摇摇灯。

果果：好呀，我十分期待呢。

可可：我们一起用光环板制作魔法摇摇灯吧。

思维向导

　　荧光棒由装有不同液体的塑料管和玻璃管组成，使用时将荧光棒轻轻弯曲，折断塑料管中的玻璃管，轻轻摇动，使两种液体充分混合，就可以达到最佳发光效果。在演唱会或者其他娱乐场所，非常适合使用荧光棒来增加欢乐的气氛，但是荧光棒有它的局限性——发光时间是有限的。本节课我们利用光环板制作一个可以充电的荧光棒，灯光的颜色随着光环板的摇动而变化。

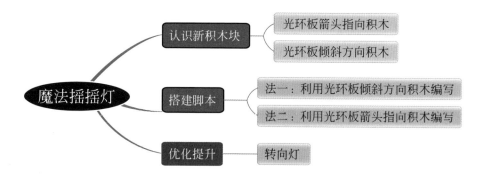

小试牛刀

1.认识新积木块

`当光环板 箭头向上 时`："光环板箭头指向"积木位于"事件"模块中。如果光环板按照指定的方向放置时，执行后面的程序。它包括箭头向上、箭头向下、向左倾斜、向右倾斜四个选项。

`光环板 向左倾斜 ?`："光环板倾斜方向"积木块位于"感知"模块中。如果光环板以指定位置放置，返回一个真的布尔值，否则返回一个假的布尔值。它包括向左倾斜、向右倾斜、箭头向上、箭头向下、LED环向上、LED环向下。

2.搭建脚本

假设光环板向左倾斜时亮红灯，向右倾斜亮绿灯，箭头向上亮黄灯，箭头向下亮蓝灯。根据刚才新积木块的学习，我们知道要想完成这个项目有多种方法。

方法一：利用"`光环板 向左倾斜 ?`"积木块。

如果光环板向左倾斜，那么所有LED灯亮红色，如图所示：

同理，当光环板向右倾斜、箭头向上、箭头向下时的设置方法也是一样的。需要注意的是，这个过程是循环进行的，最后要添加一个"重复执行"命令。

参考程序如下图所示：

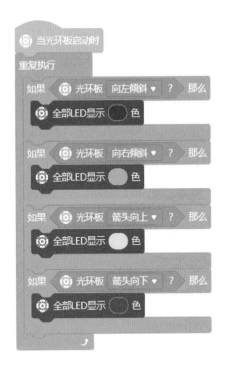

方法二：利用"当光环板 箭头向上 时"积木块。

利用"光环板箭头指向"积

木作为事件触发，也可以实现方法一中完全一样的效果。

光环板向左倾斜时：

光环板向右倾斜时：

光环板箭头向上时：

光环板箭头向下时：

光环板最终效果如下：

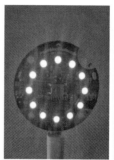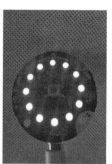

3.优化提升——转向灯

前面我们用 光环板 向左倾斜 ▼ ? 、 当光环板 箭头向上 ▼ 时 两个积木块都实现了演唱会荧光棒的效果，实际上利用这两个积木块还可以做出很多有趣、实用的作品，比如接下来的转向灯：当光环板向左倾斜时，左侧LED灯依次点亮；当光环板向右倾斜时，右侧LED灯依次点亮。

第一步，编写"左转"代码。

先将 显示 积木块拖出，并熄灭所有灯光，等待0.1秒；再拖出 显示 积木块，并设置6号、12号灯亮绿色，其他灯为灭，等待0.1秒；继续拖出 显示 积木块，并设置6号、7号、11号、12号灯亮绿色，其他灯为灭，等待0.1秒；再拖出一个 显示 积木块，并设置6号、7号、8号、10号、11号、12号灯亮绿色，其他灯为灭，等待0.1秒；最后再拖出一个 显示 积木块，并设置6号、7号、8号、9号、10号、11号、12号灯亮绿色，其他灯为灭，等待0.1秒。

参考程序如下图所示：

第二步，编写"右转"代码。

光环板向右倾斜时和向左倾斜时的代码设置大同小异，这里就不再一一赘述，为了与"左转"区分，向"右转"时灯的颜色设为红色。

参考程序如下图所示：

第三步，完善程序并测试。

"左转""右转"的动态效果已经实现了，接下来我们利用"如果那么否则"积木继续完善程序，如果光环板向左倾斜，那

么执行第一步的代码。

在"否则"中再嵌套一个"如果那么否则"积木块，如图所示：

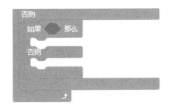

继续完善程序，如果光环板向右倾斜，那么执行第二步的代码，否则熄灭所有灯光。

最终参考程序如图：

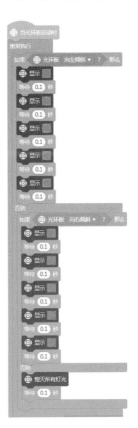

玩转物联网与人工智能——基于光环板

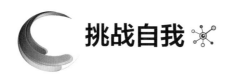

优化提升中的代码看明白了吗？我来考考你：

1.想一想为什么要嵌套一个 积木块？不嵌套可以吗？

动手测试一下吧！

2.进一步优化程序，使转向灯更安全、更智能，试着晃动使强度达到一定程度时，灯光显示为五彩灯光，或者显示你喜欢的灯光组合，应该怎么实现呢？

 知识加油站

航海灯语

航海灯语是一种基于摩尔斯电码的通信方式，通常用于海上航船间的联络。摩尔斯电码是一种信号代码，只有两种基本的符号——短促的点信号"嘀"和时间稍长些的长信号"嗒"，通过"嘀"和"嗒"不同的排列顺序来表达不同的字母、数字和标点符号等。在灯语中，灯光闪一下就熄灭，代表"嘀"；灯光亮2秒以上再熄灭，代表"嗒"。用灯光打出摩尔斯电码，就能够悄无声息地传递信息了。你要是学会了摩尔斯电码传递信息的形式，在紧急状态下可以通过灯语或者敲击来传递求救信息。

第 8 课

水果灯

 果果：你听说过水果灯吗？

 可可：使用水果做的灯吗？

 果果：不，我说的水果灯指的是用水果来控制灯的点亮与熄灭。

 可可：哇，听起来好酷啊！赶快教教我怎样制作这样的水果灯吧。

思维向导

从爱迪生发明电灯到电灯的广泛使用，"灯家族"经历了一次又一次的更新换代，它们为人们的生活提供了极大的便利，为大家照亮黑暗，带来光明！本节课我们用光环板来制作一个神奇的水果灯，用鳄鱼夹将水果与光环板上的触摸传感器相连接，利用水果的导电原理来控制灯的点亮与熄灭，从而实现用水果来控制灯光的目的。

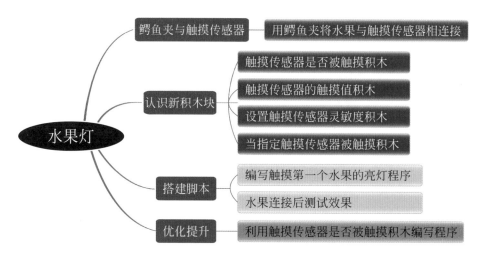

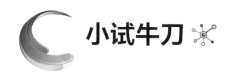
小试牛刀

1.鳄鱼夹与触摸传感器

鳄鱼夹是用作暂时性电路连接的，形似鳄鱼嘴的接线端子，亦称"弹簧夹"。如下图所示：

触摸传感器：光环板有4个触摸传感器，光环板的触摸传感器可以通过电容的变化来检测是否被触摸。如下图所示：

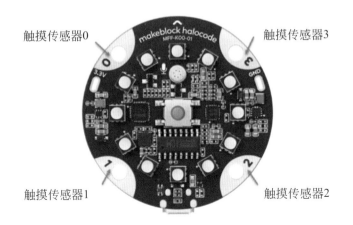

触摸传感器0　触摸传感器3

触摸传感器1　触摸传感器2

2.认识新积木块

在慧编程中与触摸传感器相对应的积木块有以下几个：

触摸传感器 0▼ 被触摸？ ："触摸传感器是否被触摸"积木位于
"感知"模块中。如果光环板的指定触摸传感器（0、1、2、3）被触摸，
返回一个真的布尔值，否则返回一个假的布尔值。

触摸传感器 0▼ 的触摸值 ："触摸传感器的触摸值"积木位于"感
知"模块中。返回光环板指定触摸传感器（0、1、2、3）的触摸值，
数值范围为0 ～ 100。

设置触摸传感器 0▼ 的灵敏度 中▼ ："设置触摸传感器灵敏度"积木位于
"感知"模块中。触摸传感器的灵敏度，分为低 - 中 - 高三个等级。

当触摸传感器 0▼ 被触摸时 ："指定触摸传感器被触摸"积木位于"事
件"模块中。当指定触摸传感器被触摸时，运行其后面的程序。

3.搭建脚本

第一步，测试触摸传感器的灵敏度。

触摸传感器 0▼ 的触摸值 感知类中的积木能够返回光环板指定触摸
传感器的触摸值，我们使用慧编程的在线模式测一测0号触摸传感
器被触摸时候返回的数值。新建变量"灵敏度"，当绿旗被点击的时

候，重复执行：将变量"灵敏度"设为"第0号传感器的触摸值"，等待0.5秒。程序如下图所示：

将计算机与光环板连接后，切换"在线"模式，如下图所示：

点击绿旗后程序开始运行，经过测试后发现，用手轻轻触摸0号触摸传感器，数值较小，当手全部与传感器接触的时候，灵敏度数值较大。

我们还可以设置触摸传感器的低中高灵敏度，再次进行测试，观察灵敏度是否有新的变化。

参考程序如下图所示：

第二步，编写触摸第一个水果的亮灯程序。

首先将 积木拖至脚本编辑区，然后将 全部LED显示 色 积木同样拖至脚本区，将两个积木连接。当我们触摸苹果时，光环板就能亮起红灯了。

参考程序如下图所示：

第三步，编写触摸其他三个水果的亮灯程序。

参照第二步，依次编写其他三个触摸传感器的程序。

参考程序如下图所示：

第四步，连接硬件。

红色鳄鱼夹一端夹住苹果，另一端夹在0号触摸传感器上；绿色鳄鱼夹一端夹住草莓，另一端夹在1号触摸传感器上；黄色鳄鱼夹一端夹住香蕉，另一端夹在2号触摸传感器上；蓝色鳄鱼

夹一端夹住橘子，另一端夹在3号触摸传感器上。如下图所示：

第五步，脚本测试。

将慧编程切换"上传"模式，上传程序到光环板。通过测试，触摸苹果，光环板亮起红灯；触摸草莓，光环板亮起绿灯；触摸香蕉，光环板亮起黄灯；触摸橘子，光环板亮起蓝灯。如下图所示：

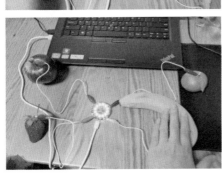

4.优化提升

利用""积木块可以实现与上面同样的效果。如果第0号触摸传感器被触摸，那么所有LED灯亮红色，如图所示：

同理，其他三个触摸传感器设置方法也是一样的。需要注意的是，这个过程是循环进行的，需要添加一个"重复执行"命令。

最终参考程序如图：

挑战自我

1.在上面的项目中，我们利用光环板制作出了一个水果灯，达到了通过触摸水果来点亮不同颜色的灯的效果，那么如何让灯光在点亮一段时间之后自动熄灭呢？你能试着制作出这样的水果灯吗？

2.大家可尝试制作笑脸形状或者其他自己喜欢的颜色的灯光。制作完之后尝试同时按住两个水果会出现什么效果？

 知识加油站

水果电池照明灯

据英国《每日邮报》报道，美国缅因州班戈市艺术家凯莱布·查兰（Caleb Charland）使用酸橙、苹果等水果制造出电化学电池照明灯，并拍摄出一张张令人惊叹的趣图。

　　据了解，查兰从马铃薯课堂实验中获得灵感，将镀锌钉子插入水果中，并将其与铜线相连制作成电化学电池，再连上灯泡，让水果发光。这种水果灯能够提供拍照所需的足够光源。

　　查兰写道："为了了解世界，并从中获益，我们必须与其互动，并进行试验。作为艺术家，我将自己对科学的好奇通过创造性的方式拍摄出来。我利用日常物品和一些简单的手段来展示各种奇异的经历。"

　　查兰希望，这些水果电池所创造的微型乌托邦世界能够证明：可持续性和可替代性能源生产拥有无限可能。

第 9 课
灯光沙漏

果果：马上到运动会了，我报名参加跳绳项目！你呢？

可可：我参加短跑！咱们赶紧开始练习吧？不过最好先做一个沙漏帮助跳绳来计时。

果果：让我们利用光环板来制作灯光沙漏计数器吧。

思维向导

　　沙漏也叫做沙钟，是一种测量时间的装置。沙漏一般由两个玻璃球和一个狭窄的连接管道组成。人们通过用充满沙子的玻璃球，由上面穿过狭窄的管道流入底部玻璃球所需要的时间来进行测量。一旦所有的沙子都已流到底部玻璃球，便把沙漏颠倒过来再次测量时间。一般沙漏有一个名义上的运行时间为1分钟。本节课我们利用光环板制作灯光沙漏，按下按钮开始计时，并在计时结束时熄灭所有灯光。

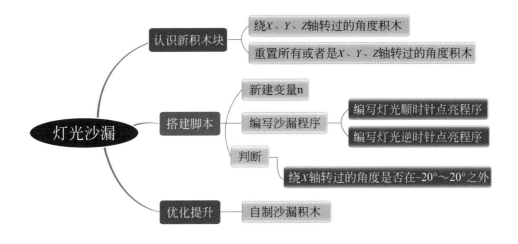

小试牛刀 ✳

1. 认识新积木块

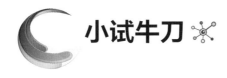：绕X、Y、Z轴转过的角度。在光环板上内置了一个运动传感器模块，运动传感器在计步器、电子罗盘等电子产品中得到广泛使用。运动传感器模块在光环板上的位置如下图所示：

运动传感器

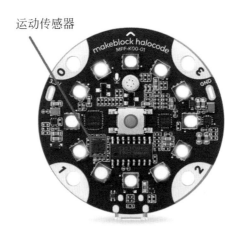

运动传感器又称为角度传感器或电子陀螺仪。光环板包含了X、Y、Z三轴陀螺仪，通过上述的积木可以读取对应轴的指示方向，并将数据上传到控制系统。俯仰角X轴的角度范围为-180°～180°；翻滚角Y轴的角度范围为-90°～90°；偏航角Z轴的角度范围为-180°～180°。运动传感器的三轴分布如下图所示：

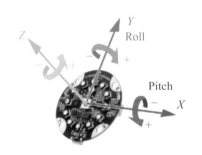

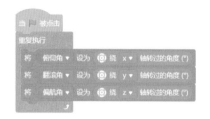

：重置所有或者是X、Y、Z轴转过的角度，也就是将前期检测的角度数值全部清除归零，重新进行检测。

2.搭建脚本

在开始制作灯光沙漏之前，要先来测试一下运动传感器的数值。设计三个变量，分别命名为俯仰角、翻滚角和偏航角，测一测运动传感器的数值变化。

参考程序如下图所示：

将计算机与光环板连接后，切换到"在线"模式。点击绿旗开始测试，将光环板上的箭头向上开始测试，当光环板向前俯的过程中，俯仰角增大为正值，当光环板向后仰的过程中，俯仰角减小为负值；当光环板逆时针旋转的过程中，翻滚角增大为正值，当光环板顺时针旋转的过程中，翻滚角减小为负值；当光环板向左倾斜的过程中，偏航角增大为正值，当光环板向右倾斜的过程中，偏航角减小为负值。测试结果如下图所示：

第一步，新建变量。

新建变量"n"，用于搭建灯光沙漏程序，并将初始值设置为0，如下图所示：

第二步，程序的初始化。

当按钮被按下的时候，重置所有轴转过的角度，将变量n的值设置为0。脚本如图所示：

第三步，编写沙漏程序。

（1）编写顺时针计时程序

变量n的数值每次增加1，对应的第n颗LED点亮，显示颜

色为黄色，等待1秒。重复执行直到n=12，也就是全部的LED灯顺时针逐个点亮，经历12秒的过程。

参考程序如下图所示：

（2）编写逆时针计时程序

经过顺时针点亮后，变量n的数值为12，要想从第12颗LED开始熄灭，需要将n加1，变成13。变量n的数值每次增加-1，对应的第n颗LED点亮，显示颜色为青色，等待1秒。重复执行到n=0，也就是全部的LED灯逆时针逐个点亮，经历12秒的过程。然后将所有的LED灯熄灭。

参考程序如下图所示：

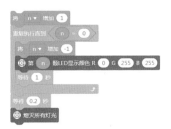

将上述两段脚本连接，组成声光沙漏的脚本。

参考程序如下图所示：

第四步，俯仰角判断。

经过前面的俯仰角、翻滚角和偏航角的测试，可以轻松地得到俯仰角向前俯和向后仰的数值变化。以俯仰角在–20°～20°之间来说明"声光沙漏"没有被启动，当俯仰角在–20°～20°之外的时候，也就是俯仰角较大

的时候，启动"声光沙漏"。

完整程序如下图所示：

程序编写完成，快拿出你的光环板测试一下灯光沙漏的计时效果吧！光环板效果图如下所示：

3. 优化提升——自制沙漏积木

声光沙漏的脚本比较长，使用过程中不容易观察到其他积木。

可以采取自制积木的方式进行处理。第一步，单击自制积木，第二步单击制作新积木，就会出现自制积木对话框，修改积木名称为"沙漏"，然后单击"确定"，就会在制作新积木的下面出现"沙漏"新积木块，在脚本搭建区会出现"定义沙漏"积木块。如下图所示：

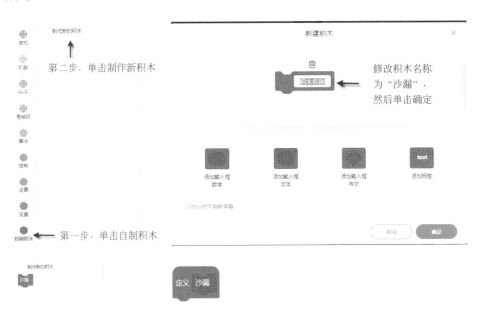

将定义沙漏积木和声控沙漏脚本连接，参考程序如下图所示：

将自制"沙漏积木"块拖至主程序进行简化，如下图所示：

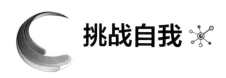

挑战自我

优化提升中的代码看明白了吗？我来考考你：

1.想一想自制积木块的优势有哪些？试一试将初始化脚本自制成"初始化"积木。

2.进一步优化程序，使声光沙漏具备提醒功能，当到达规定时间后光环板灯光闪烁提醒，也可以试着用其他灯颜色表示几个12秒，用来计时间比较长的活动，应该怎么实现呢？

 知识加油站

古代计时方法

在中国古代，人们用"铜壶滴漏"的方法计时，把一昼夜分为十二时辰，即子、丑、寅、卯、辰、巳、午、未、申、酉、戌、亥，对应于今天的二十四小时。半夜十一点到凌晨一点的时间为子时，一点到三点为丑时，三点到五点为寅时，以此类推。古代的一个时辰相当于今天的两个小时，所以，当钟表刚刚传入中国时，就有人把一个时辰叫做"大时"，新时间的一个钟点叫做"小时"。随着钟表的普及，"大时"一词也就消失了，而"小时"却沿用至今。

第 10 课

噪声监测

扬尘噪声监测
PM2.5: 39ug/m3
PM 10: 54ug/m3
噪 声: 54.6db

 果果：你有没有发现在很多重要的十字路口都设有噪声监测装置？

 可可：看到了，在这些装置旁边我们会不自觉地小声说话呢！那我
们也自己做一个噪声监测装置吧，时刻提醒我们在公众场合
不要大声说话。

 果果：我们试着用光环板制作一个噪声检测器吧。

 思维向导

我们每天都会听到各种各样的声音，不同的声音带给我们
不同的感觉。优美的钢琴曲会让我们心情舒畅，亲人的问候会
让我们倍感温暖，嘈杂的汽笛声会让我们心情烦躁。本节课我
们利用光环板制作一个噪声监测装置，当声音在人能承受的范
围内时，光环板亮绿灯，随着声音的不断增大，光环板开始亮
橙色的灯，噪声超出人的承受范围时光环板亮红色的灯。

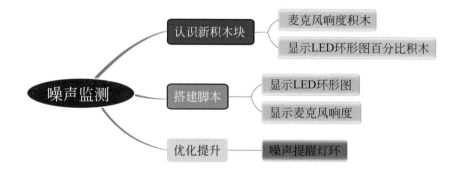

小试牛刀

1.认识新积木块

麦克风 响度："麦克风响度"积木位于"感知"模块中，它的作用是从光环板的麦克风中收集声音并分析声音的响度值。

显示LED环形图 100 %："显示LED环形图百分比"积木位于"灯光"模块中。由于光环板的12个LED灯是呈环形均匀分布在光环板上的，所以我们可以把整个灯环看做一个整体，通过设置百分比的形式点亮LED。

2.搭建脚本

第一步，显示LED环形图。

要想显示LED光环图比例，我们首先将 **当光环板启动时** 拖至脚本编辑区，同时把 **显示LED环形图 100 %** 拖入脚本编辑区与其连接，并设置环形图的效果为100%。

参考程序如下图所示：

光环板的点亮效果图如下：

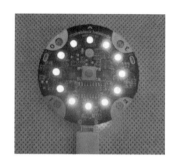

我们看到当100%点亮灯环时，所有的LED灯都亮了，但

是颜色却并不相同，从第一个LED灯开始是绿色的，后来变成橙色，最后变成红色。

那么如果不是100%点亮会是什么效果呢？我们再来看一下点亮50%的灯环会是什么效果。

程序如下：

光环板点亮的效果图如下：

当点亮50%的灯环时，灯环只点亮了6个LED，正好是总数量的一半，而且LED的颜色和点亮100%时是一样的。

第二步，显示麦克风响度。

把"麦克风响度"积木拖入编程区，并嵌入到显示LED环形图积木中。让光环板的灯环根据麦克风的响度值来显示LED图形，"麦克风响度"的最大值

是100，最小值是0，正好符合"显示LED环形图"积木中百分比数值的设置，这样灯环显示的灯的数量和颜色就代表了从麦克风获取的声音响度值的大小。

参考程序如下图所示：

第三步，测试程序。

程序已经编写好了，我们先来测试一下。

光环板的灯环在声音小时点亮的LED就少，声音大时点亮的LED就多，而且会随着声音响度的变化而变化。

3.优化提升

我们已经能够采集到外界的声音，再增加一个噪声提醒的效果，噪声监测会更有意义。通过观看灯环100%显示时的效果，我们发现第11、12颗LED显示的是红色，也就是当灯环百分比超过80%时，点亮红灯，所以我们假设"麦克风响度"超过80%时，整个LED灯环全部点亮红灯等待2秒后熄灭，以起到一个警示声音太大的作用。

参考程序如下图所示:

 # 挑战自我

1.显示LED环形图百分比积木,如果显示70%会亮哪些灯呢?我们假设"麦克风响度"超过80%时,让LED环形图不停闪烁红蓝交替的警示灯如何? 90%呢?你能总结出规律吗?

2.显示LED环形图百分比积木,除了能显示声音的响度还可以显示什么呢?如果你有好的想法不妨把它呈现出来吧!

知识加油站

噪声污染

噪声是指发声体做无规则振动时发出的声音。声音由物体的振动产生,以波的形式在一定的介质(如固体、液体、气体)中进行传播。通常所说的噪声污染是人为造成的。从生理学观点来看,凡是干扰人们休息、学习和工作以及对你所要听的声音产生干扰的声音,即不需要的声音,统称为噪声。当噪声对人及周围环境造成不良影响时,就形成噪声污染。产业革命以来,各种机械设备的创造和使用,给人类带来了繁荣和进步,但同时也产生了越来越多且越来越强的噪声。噪声不但会对听力造成损伤,也对人们的生活工作有所干扰。

第 11 课

奇妙的色彩

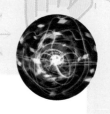

果果：你喜欢五颜六色的世界吗？

可可：当然喜欢了，不同的颜色带给我们不同的感受，正是因为有了颜色，我们的生活才变得多姿多彩。

果果：我们通过触摸光环板也可以让光环板显示出千万种色彩。

可可：真的吗？赶紧试试吧！

思维向导

    颜色是通过眼、脑和我们的生活经验所产生的对光的视觉感受，我们肉眼所见到的光线，是由波长范围很窄的电磁波产生的，不同波长的电磁波表现为不同的颜色，其中，红绿蓝是光的三种基本颜色，利用红绿蓝三个颜色可以叠加出万千色彩。这节课我们利用光环板的 3 个触摸传感器叠加触摸模拟色彩的形成，感受色彩的神奇魅力。

玩转物联网与人工智能——基于光环板

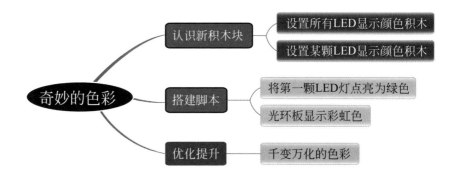

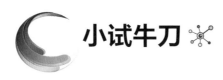

1.认识新积本块

⚙ 所有LED显示颜色 R 255 G 0 B 0 ：
设置所有LED显示颜色积木位
于"灯光"模块区。根据光学三
原色（RGB）：红、绿、蓝，对
颜色进行混合，形成新的颜色。
光学三原色混合后，组成LED
显示颜色，三原色同时相加为
白色。

⚙ 第 1 颗LED显示颜色 R 255 G 0 B 0 ：
设置某颗LED显示颜色积木位
于"灯光"模块区。如我们将参
数设置为R255，G0，B0，第1
颗LED灯显示为红色。

2.搭建脚本

第一步，将第一颗LED灯

点亮为绿色。

修改 ⚙ 第 1 颗LED显示颜色 R 255 G 0 B 0
积木对应的RGB参数为：0，
255，0。参考程序如下图所示：

当按钮被按下时
⚙ 第 1 颗LED显示颜色 R 0 G 255 B 0

通过测试，当光环板的按钮
被按下的时候，第一颗LED灯
显示绿色。

第二步，光环板显示彩虹色。
光环板的第1～7颗LED显
示彩虹的"赤橙黄绿青蓝紫"七
个颜色。分别将"赤橙黄绿青蓝
紫"的"RGB"参数进行修改。

赤色【RGB】255，0，0

橙色【RGB】255，165，0

黄色【RGB】255，255，0

小试牛刀

绿色【RGB】0，255，0
青色【RGB】0，127，255
蓝色【RGB】0，0，255
紫色【RGB】139，0，255
参考程序如下图所示：

经过测试，光环板通过7颗LED灯RGB参数的组合，混合出了彩虹的七个颜色。

光环板效果图如下所示：

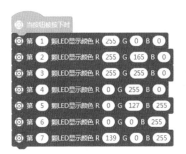

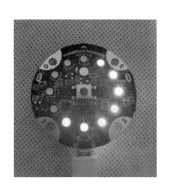

3.优化提升

通过上面的两个例子，已经知道光学的三原色红、黄、蓝可以混合出所有颜料的颜色。我们想让全部的LED灯显示出千万种色彩，这该如何设计呢？

我们通过添加"灯光"模块区的积木，与"感知"模块区 触摸传感器 0 的触摸值 配合使用，就可以让光环板显示出千万种色彩。将 所有LED显示颜色 R 255 G 0 B 0 积木的RGB参数分别修改为：R为 触摸传感器 1 的触摸值 ；G为 触摸传感器 2 的触摸值 ；B为 触摸传感器 3 的触摸值 。

参考程序如下图所示：

经过测试，当光环板启动的时候，分别触摸触摸传感器1、2、3，

触摸传感器的数值变化对应RGB参数的变化，进而进行三原色的混合，所有的LED灯就会随时显示不同的颜色。

光环板效果图如下所示：

触摸光环板"1"如下图所示：　　　触摸光环板"2"如下图所示：

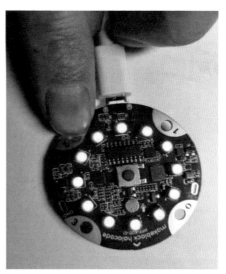

触摸光环板"3"如下图所示：　　　触摸光环板"2"和"3"
如下图所示：

触摸光环板"3""2"和"1"
如下图所示：

触摸光环板"2"和"1"
如下图所示：

 挑战自我

1.在上面的项目中，我们通过触摸光环板的传感器"1""2""3"让灯光显示多种颜色，如果要设置通过声音的大小控制颜色，该如何编写程序呢？

2.尝试编写一个程序，通过声音的大小来控制LED灯显示红色，通过摇晃的强度来控制LED灯显示绿色，我们手持光环板欢呼和跳跃，光环板就能出现多种颜色，让观赏效果极佳。

 知识加油站

奇妙色彩的知识

色光三原色是指红、绿、蓝三色，各自对应的波长分别为700nm、546.1nm、435.8nm，光的三原色和物体的三原色是不同的。光的三原色，按一定比例混合可以呈现各种光色。根据研究结果，这三种原色确定为红、绿、蓝（相当于颜料中的大红、中绿、紫蓝的色彩感觉）。彩色电视屏幕就是由这红、绿、蓝三种发光的颜色小点组成的。由这三原色按照不同比例和强弱混合，可以产生自然界的各种色彩变化。颜料和其他不发光物体的三原色是品红（相当于玫瑰红、桃红）、品青（相当于较深的天蓝、湖蓝）、浅黄（相当于柠檬黄）。选定的这三原色可以混合出多种多样的颜色，不过不能调配出黑色，只能混合出深灰色。因此在彩色印刷中，除了使用的三原色外还要增加一版黑色，才能得出深重的颜色。

美术中红、黄、蓝定义为色彩三原色，但是品红加适量黄可以调出大红（红=M100+Y100），而大红却无法调出品红；青加适量品红可以得到蓝（蓝=C100+M100），而蓝加绿得到的却是不鲜艳的青；用黄、品红、青三色能调配出更多的颜色，而且纯正并鲜艳。用青加黄调出的绿（绿=Y100+C100），比蓝加黄调出的绿更加纯正与鲜艳，而后者调出的却较为灰暗；品红加青调出的紫是很纯正的（紫=C20+M80），而大红加蓝只能得到灰紫等。此外，从调配其他颜色的情况来看，都是以黄、品红、青为其原色，色彩更为丰富、色光更为纯正而鲜艳（在3D MAX中，三原色为：红黄蓝）。

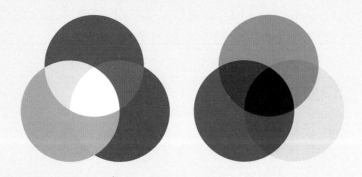

第 12 课

计步能量环

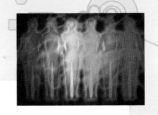

 可可：果果，你又去晨跑了？

 果果：是啊，今天的运动能量又是满格。

 可可：运动能量？

 果果：是啊，我用光环板做了一个计步能量环，晨跑的时候就戴在手腕上。

 可可：太酷了！赶紧也给我做一个吧！

思维向导

　　现代都市人对健康运动越来越重视，智能手环、运动手表等穿戴设备也渐渐走入普通人的生活。以运动手环为例，它既可以检测睡眠、心率、脉搏等健康数据，也具有计步功能。记步的原理是依据走路时自然产生的摇晃，每摇晃一次，步数就会增加1。如果将光环板佩戴在手臂上，在走路的过程中，光环板也会随着手臂晃动，将这种能量进行收集，光环板的LED灯会随着走动逐渐亮起，能量蓄满后光环板LED灯全部亮起红色。

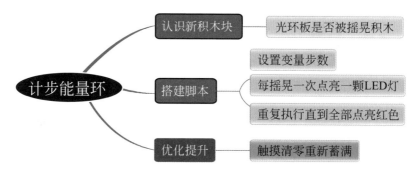

 小试牛刀

1.认识新积木块

光环板被摇晃？ ：光环板是否被摇晃积木位于"感知"模块中，当光环板被摇晃的时候，返回值为1，也就是真，执行程序；没有被摇晃，返回值为0，也就是假。

2.搭建脚本

第一步，新建变量。

新建一个变量，将变量命名为"步数"，将变量"步数"的值设为0。如下图所示：

第二步，初始化变量步数。

当光环板的按钮被按下的时候，初始化变量步数为0。

参考程序如下图所示：

第三步，条件判断。

如果"光环板被摇晃？"这个条件成立，那么将变量步数增加1，并将对应步数的LED灯点亮为红色，并将上述积木块重复执行。

参考程序如下图所示：

第四步，测试计步能量。

整个脚本编写完成了，测试后，当光环板的按钮被按下，人在晃动手臂的时候，光环板上的LED灯逐个被点亮，能量蓄满完成。

参考程序如下图所示：

我们需要将所有的LED灯熄灭，并将变量步数重新初始化为0。

参考程序如下图所示：

3.优化提升

上例的程序，果果晃动12次后可以蓄满能量，但是可可也想晃动12次来蓄满一次光环板的能量，该怎么办呢？这时候，

我们将此脚本和蓄满能量的脚本一起下载到光环板，再次测试，果果蓄满能量后，只要可可触摸0号触摸传感器，光环板上所有的LED灯都会熄灭，再次晃动手臂，重新蓄满能量。

 挑战自我

1.制作一个计步器，通过走路过程中手臂的晃动来增加步数，并将步数的多少显示在舞台上。

2.在本节课项目的基础上，将蓄满能量的难度增加，第一个12次蓄满红色，第二个12次蓄满绿色，第三个12次蓄满蓝色。当完成

了36次，光环板全彩显示表示蓄满能量。

 知识加油站

未来手环创未来

未来的手环你根本意识不到它的存在，就如同"种痘"那样由医生植入你的皮下。它可以帮你监测健康状况，比如是否患上了糖尿病、有无中风风险，或者其他疾病的检测。它时时刻刻在保护你的健康，对你的运动进行有价值的指导。未来的手环更像是一个社交设备，可以将整个小区、办公室人员的数据进行汇总，通过大数据的分析，可以判断整个社区的人是否健康。当大家都出现同一个健康问题的时候，可以推断是否是有流感或是空气质量、饮水的问题，亦或是疫情的关系。这样问题会被发现得更早，处置速度更快。当然，未来手环也可以用于城市规划，优化道路设计，推动政策改良，通过检测人们更喜欢走哪条路，更喜欢什么样的商场，进而推动城市的健康发展。

第 3 章
人机交互

第 13 课

小小音乐家

 果果：你弹钢琴的动作真娴熟！

 可可：我的梦想就是成为一位优秀的钢琴演奏家！

 果果：不如今天用光环板制作一个电子琴来演奏一曲音乐吧！

思维向导

音乐是人类生活中必不可少的调味剂，好的音乐可以陶冶情操、舒解压力，让人们忘记烦恼，获得心灵的宁静和愉悦。每个人都喜欢音乐，而音乐其实很简单，只用7个音符就能弹奏出千万种动听的旋律。今天让我们动手制作声光钢琴，在键盘上按下1～7数字按键，播放"do、re、mi、fa、so、la、si"7个不同音阶的声音，对应光环板上不同颜色LED灯的点亮。

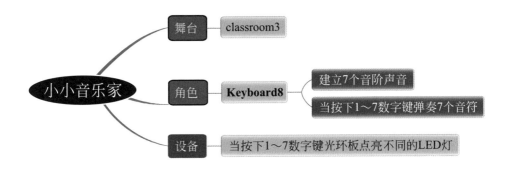

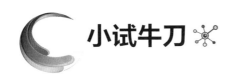

1.创建舞台和角色

（1）创建舞台

我们先来创建舞台，单击"背景"，接着单击"添加背景"按钮，操作如下图所示：

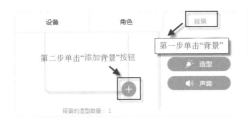

在慧编程背景库内选择"学校"选项，接着选择"classroom3"的背景，单击"确定"。

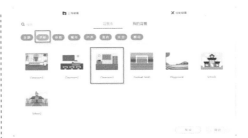

背景如下图所示：

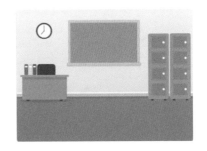

（2）添加角色

首先删除掉默认的熊猫角色，单击"角色"，接着单击熊猫角色右上角的"×"，完成删除操作。如下图所示：

接着，我们来创建新的角色，单击"添加角色"按钮，操作如下图所示：

在慧编程角色库内选择"音乐"选项，接着选择"Keyboard8"角色，单击"确定"。如下图所示：

修改"Keyboard8"角色名字为"钢琴"，将其移动到舞台合适位置，并调整至适宜大小。如下图所示：

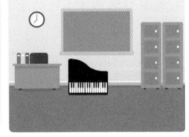

2.搭建脚本

第一步，搭建光环板脚本。

选择"硬件"，搭建光环板的脚本。当我们按下键盘上1～7号数字键时，要让光环板中点亮不同的LED灯。当按下1号数字键时，光环板第6颗LED灯显示红色。程序如下图所示：

依次编写2～7号数字按键控制光环板LED灯的程序，分别将光环板LED点亮设计为：

参考程序如下图所示：

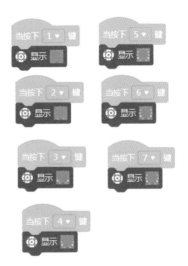

连接光环板，选择在线模式，进行测试，按下不同的数字键对应光环板上不同颜色LED灯的点亮。

第二步，搭建"钢琴"角色脚本。

选择"角色"，搭建钢琴的脚本。当我们按下键盘上1～7号数字键时，要让钢琴弹奏出"do、re、mi、fa、so、la、si"。

先来编写当按下1号数字键时，播放声音"do"。单击"声音"按钮

，删除原有声音，单击 按钮，继续单击"声音库"，

选择"音符"选项，单击"A Piano"后确定。操作如下图所示：

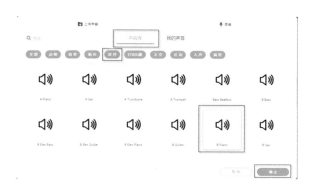

然后单击"造型"下方的关闭按钮，退出声音的编辑。

在"事件"模块中找到"当按下空格键"积木拖入编程区，并选择按键为"1"，然后在"声音"模块中找到播放声音积木，并把该积木拖入编程区，连接到"当按下1键"按钮下方。通过上面的操作，我们可以在播放声音积木中选择"A Piano"。这样当按下1号数字键时，就会播放钢琴"do"的声音。

参考程序如下图所示：

依次编写2～7号数字按键控制角色发出"re、mi、fa、so、la、si"六个音符的程序。

参考程序如下图所示：

第三步，互动测试。

一切准备就绪，连接光环板，选择在线模式。测试一下光环板和钢琴角色的互动，我们按下键盘中的"1、2、3、4、5、6、7"，不仅能弹奏出"do、re、mi、fa、so、la、si"，同时光环板发出绚丽的灯光。

光环板效果图如下图所示：

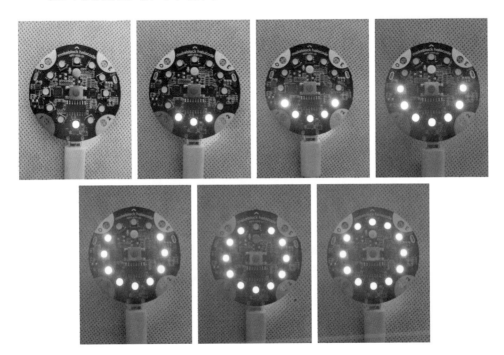

挑战自我

1.在上面的项目中，我们通过数字按键实现了"do、re、mi、fa、so、la、si"的声音。试着利用键盘来弹奏"玛丽有只小羊羔"的乐曲。

2.用7个数字弹奏钢琴的"do、re、mi、fa、so、la、si"，用7个

字母编写萨克斯的"do、re、mi、fa、so、la、si"。两人一起合作感受音乐的合奏。

 知识加油站

减肥舞蹈"光环板"音乐

随着电脑技术的成熟，程序音乐也渐入普通人的生活中。我们在地面上设计不同的音阶，让人们通过脚点击地面音阶弹奏出不同音乐，能产生美妙的音乐和绚丽的光彩，同时也让人们得到一定的运动量，达到减肥的效果。这个设想能让很多人既有音乐灯光的视听一体的享受，也能使减肥的愿望得以实现。

第 14 课

美丽的烟花

 可可：为了减少污染，现在很少能看到烟花了，还是很想看的呢！

 果果：我有办法让你随时都能看美丽的烟花。

 可可：真的吗？

 果果：当然了，我们用光环板做烟花吧！

 可可：太好啦，那就赶紧开始吧！

思维向导

　　烟花又称花炮、烟火、焰火、炮仗，常用于盛大的典礼或表演中，深受人们的喜爱。但燃放烟花时会释放大量的颗粒物和硫化物，加剧雾霾污染，损害空气质量，影响人们的健康。于是人们渐渐地开始倡议禁止燃放烟花鞭炮。这节课我们利用光环板制作电子烟花，通过建立烟花角色，让烟花在黑色天空中绽开缤纷的五彩花，同时，光环板随着烟花的绽放闪烁着绚丽多彩的灯光。

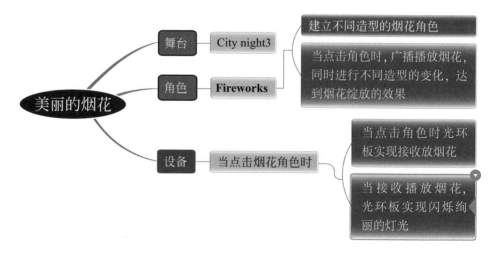

小试牛刀

1. 创建舞台和角色

（1）创建舞台

我们先来创建舞台，单击"背景"，然后单击"添加背景"按钮。在慧编程背景库内选择"城市"选项，接着选择"City night3"背景，单击"确定"。添加背景让烟花在夜幕中更加绚

丽，背景如下图所示：

（2）添加角色

删除默认的熊猫角色，接着我们来创建新的角色。单击"添加角色"按钮，在慧编程角色库内选择"音乐"选项，然后选择"Fireworks"角色，单击"确定"。修改"Fireworks"角色名字为

"烟花"，将其移动到舞台合适位置，并调整至适宜大小。如下图所示：

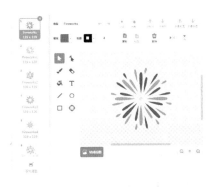

2.搭建脚本

第一步，搭建"烟花"角色脚本。

当烟花角色被点击时，广播"放烟花"消息，将其大小设为150，重复执行：等待0.1秒烟花切换到下一个造型。

参考程序如下图所示：

程序编写完成开始测试，当舞台上的烟花角色被单击时，快速地重复切换下一个造型，达到了夜晚燃放烟花的效果。如下图所示：

第二步，搭建光环板脚本。

切换到"设备"选项卡，搭建光环板的脚本。当光环板接收到"放烟花"消息，重复执行：将LED灯环显示设置为，等待0.3秒；然后再将LED灯环显示设置为，等待0.3秒。

参考程序如图所示：

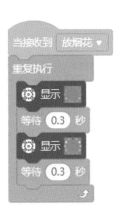

玩转物联网与人工智能——基于光环板

单击 当接收到 放烟花▼ 积木，进行测试，光环板先是底部的光环点亮，紧接着全部点亮，实现了光环放烟花的效果。

第三步，互动测试。

一切准备就绪，连接光环板，选择在线模式。测试一下光环板和烟花角色的互动，舞台上的烟花绽放魅力，同时光环板的灯环也在演示模拟燃放烟花的效果。

舞台效果图如下图所示：

光环板效果图如下图所示：

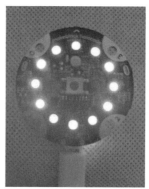

挑战自我

1.在上面的项目中，通过单击角色让灯光闪烁多种颜色，如果要设置多个角色在天空中绽放，你打算如何设计呢？

2.我们的美丽灯光变化比较单一，角色的变化也不丰富，也没有声音。给烟花添加上声音，形成绚丽多姿的烟花效果，让观赏效果更加逼真形象。

知识加油站

电子鞭炮

在重要的日子里，鞭炮的声音响彻云霄，彩色的火焰高高地飞向天空，是欢腾和鼓舞的吉祥象征。但是鞭炮不仅会引起环境污染，还会引起各种致残和火灾事故，对国家和人民造成经济和人身健康损失。为解决传统鞭炮的缺点问题以及满足人们对节日庆祝活动的需求，出现了电子鞭炮。电子鞭炮可以代替传统火药鞭炮，是绿色、安全、无火药、可重复利用且声音、闪光和传统鞭炮非常相似的电子产品。电子鞭炮可以减少火灾事故，将民俗和技术融合，改善人类环境。电子鞭炮主要有雷电模拟电子鞭炮、电子鞭炮机、录制的鞭炮三种形式。如今，多种形式的电子鞭炮正不断被开发出来丰富人们的生活。

第 15 课

爱上智慧生活

果果：遥控器在生活中随处可见，可以遥控开关灯、开启电视空调，遥控让生活变得方便智能。

可可：我们用光环板制作一个遥控开关灯和开关音乐，感受一下智能家居的魅力吧！

思维向导

随着人工智能时代的到来，把"家"装进口袋已不是什么未来科技，只需要一个智能家居"小管家"——光环板，就可以把家变成你的大玩具。通过光环板让家里的照明灯、唱片机、咖啡炉、电脑设备、保安系统……智能起来，并根据自己的生活习惯定制智能场景，一切是那么有趣、便捷。通过光环板的四个触摸传感器来控制灯和音乐的开关，享受智慧生活。

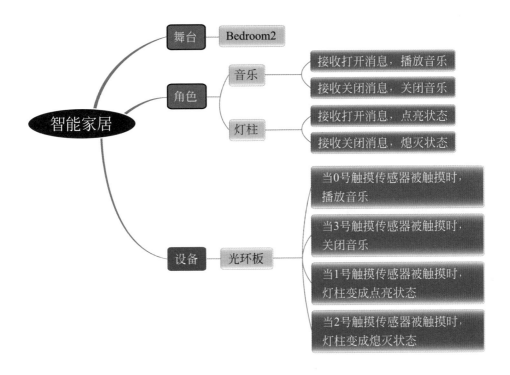

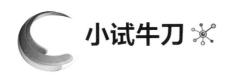

1.创建舞台和角色

（1）创建舞台

我们先来创建舞台，单击"背景"，然后单击"添加背景"按钮。在慧编程背景库内选择"室内"选项，接着选择"Bedroom2"背景，单击"确定"。背景如下图所示：

（2）添加角色

删除默认的熊猫角色，接着

我们来创建新的角色。单击"添加角色"按钮，在慧编程角色库内选择"音乐"选项，然后选择"CD2"角色，单击"确定"，修改"CD2"角色名字为"音乐"。继续单击"添加角色"按钮，在慧编程角色库内选择"建筑物"选项，然后选择"Street Lamp2"角色，单击"确定"。修改"Street Lamp2"角色名字为"灯柱"，将它们移动到舞台合适位置，并调整至适宜大小。如下图所示：

2.搭建脚本

第一步，搭建光环板脚本。

选择"设备"选项卡，搭建光环板的脚本。当0号触摸传感器被触摸时，广播"播放音乐"；当3号触摸传感器被触摸时，广播"关闭音乐"；当1号触摸传感器被触摸时，广播"点亮灯

柱"；当2号触摸传感器被触摸时，广播"关闭灯柱"。

参考程序如下图所示：

第二步，搭建"音乐"角色脚本。

单击"角色"选项卡，我们一起来搭建音乐角色的脚本。首先单击"声音"按钮，删除原有声音，单击"添加声音"按钮，在弹出的"声音库"对话框中，选择"循环"选项，单击"Garden"后确定。退出声音编辑，开始编写程序，当接收到"播放音乐"，播放声音"Garden"并等待播放完毕；当接收到"关闭音乐"，停止所有声音。

参考程序如下图所示：

第三步，搭建"灯柱"角色

脚本。

接下来我们一起来搭建灯柱角色的脚本。选中"灯柱"角色，单击"造型"进入造型编辑窗口，我们发现它只有一个造型，复制一个造型，它的名字自动被命名为"Street Lamp3"。选中"Street Lamp3"，使用造型中的填充工具，将灯柱填充为黄色，视为灯柱的点亮状态。如下图所示：

当接收到广播"点亮灯柱"，换成"Street Lamp3"造型；当接收到广播"关闭灯柱"，换成"Street Lamp2"造型。程序如下图所示：

第四步，互动测试。

一切准备就绪，连接光环板，选择在线模式。测试一下光环板与音乐灯柱角色的互动，当0号触摸传感器被触摸时，播放音乐；当3号触摸传感器被触摸时，关闭音乐；当1号触摸传感器被触摸时，灯柱变成点亮状态；当2号触摸传感器被触摸时，灯柱变成熄灭状态。

舞台效果图如下图所示：

挑战自我

1.尝试使用 ⬤ 当光环板 箭头向上 ▼ 时 积木，来控制音乐和灯柱角色的打开和关闭。

2.家居生活中还有电视、空调、冰箱等家用电器，你能不能添加这些角色，并使用光环板来编写程序控制这些电器的开关呢？

知识加油站

智能家居

　　未来的家居生活中不仅仅是遥控，更多的是语音声控、视觉控制，让语音、视觉来控制家电已经是时代所趋。刚刚走到家门口，告别接触式（刷卡、钥匙、指纹）开门方式，通过人脸识别系统内置PIR人体红外传感器，当人靠近门口机时，在1米的范围内，即可自动唤醒机器进行人脸识别自动开门。只需要一声："打开窗帘"，窗帘便自动开启。家中的灯光、电视等电器都可以直接通过语音来执行操作。利用智慧声光来制造家居氛围，可以将灯光调节为浪漫、温馨、忧伤等模式，灯光明暗、颜色变化伴随背景音乐高低起伏。

第 16 课

旋转的风车

 果果：喜欢风车吗？

 可可：喜欢呀，风吹来时风车随风转动，很美呢。

 果果：是呀，今天我们一起制作旋转风车吧！

 可可：好啊！我十分期待呢。

思维向导

　　风车的旋转原理是利用风力带动风车叶片沿着风车中心轴旋转，风车的风叶一边高一边低的特点，可以使风在风叶表面往一个方向吹动（由高到低），从而改变经过的风的风向。风越大，风给风车的转向力越大，风车转得越快。本节课我们利用光环板制作旋转风车，利用光环板控制风车旋转方向。

小试牛刀

1.创建舞台和角色

（1）创建舞台

我们先来创建舞台，单击"背景"，然后单击"添加背景"按钮。在慧编程背景库内选择"户外"选项，接着选择"Camping2"背景，单击确定。背景如下图所示：

（2）添加角色

删除默认的熊猫角色，接着我们来创建新的角色，单击"添加角色"按钮，单击"我的角色"，然后单击"上传角色"按钮，如下图所示：

浏览文件夹，选择风车小屋图片导入角色。

同样的方法添加风叶角色，打开风叶造型编辑窗口，复制5个风叶造型，分别命名为风叶2～6，将复制后的风叶2、4、6造型缩小一定的比例。如下图所示：

将风叶角色移动至风车小屋角色的上面，并调整至适宜大小。如下图所示：

2.搭建脚本

第一步，搭建光环板脚本。

单击"设备"选项卡，搭建光环板的脚本。当绿旗被点击的时候，如果光环板向左倾斜，那么广播左转消息；如果光环板向右倾斜，那么广播右转消息，并重复执行。

参考程序如下图所示：

第二步，搭建"风叶"角色脚本。

切换到"角色"选项，我们一起来搭建风叶角色的脚本。

（1）初始化风叶角色位置

先来初始化风叶在舞台上的显示位置，当绿旗被点击的时候，风叶显示并移动到坐标点X-124，Y60，也就是风车小屋的上部。

参考程序如下图所示：

玩转物联网与人工智能——基于光环板

（2）搭建风叶左转脚本

当接收到"左转"广播，重复执行30次，左转15°。

参考程序如下图所示：

（3）搭建风叶右转脚本

当接收到"右转"广播，重复执行30次，右转15°。

参考程序如下图所示：

（4）互动测试

一切准备就绪，连接光环板，选择"在线"模式。测试一下光环板与风叶角色的互动，光环板向左倾斜，舞台上的风叶左转；光环板向右倾斜，舞台上的风叶右转。

舞台效果图如下图所示：

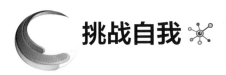

挑战自我

1.在上面的项目中，我们通过光环板向左倾斜、向右倾斜实现了绕风车中心旋转，使用光环板的 当光环板 篝头向上 时 积木，实现风叶的放大缩小。

2.给风车增加一个背景音乐，使风车转动的氛围更加逼真生动。

 知识加油站

旋转的风车

风是一种潜力巨大的新能源，中国历史上一些地方志关于风的威力描述非常生动。在《苏州地方志》中记载："三国（吴）太平元年（公元256年），八月朔，大风拔木，太湖溢，平地水高8尺。唐长庆二年（公元822年）大雨，太湖溢，平地乘舟。唐长庆四年（公元824年）夏，太湖溢。"足见风的力量之大，大风吹倒了树木，携带的雨水使太湖水位上涨，原本平坦的地势都可以泛舟了。风在数秒内就能发出一千万马力（1马力约等于0.75千瓦）的功率。人们很早也利用风能来抽水、磨面。因此风能作为一种清洁无公害的可再生能源，非常环保，且风能蕴量巨大，因此风力发电日益受到世界各国的重视。

第17课

密码开锁

果果：可可，今年过年有没有收到压岁钱啊？

可可：当然收到了，我不但过年有压岁钱，平时妈妈也会给我零花钱呢！

果果：那你都把钱放到哪里了？

可可：放在存钱罐里了。

果果：今天我们一起制作一个具有密码开锁功能的存钱罐好不好？

可可：好啊，那就赶紧开始吧！

思维向导

　　锁具是家家户户必不可少的物品之一，从古代的插簧锁到现代的机械锁，再到正在进入大众生活的人脸识别和指纹识别锁，锁的安全性越来越高，密码锁作为安全性较高的锁种深受人们的青睐。通过新建六个变量来输入和存储密码，触摸光环板的四个触摸键来输入密码，判断输入的密码是否和设定的密码1234一致，如果一致则开锁，如果不一致则继续保持"锁"的状态。

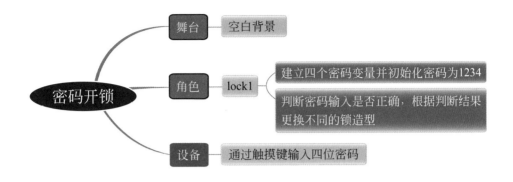

小试牛刀

1.创建舞台和角色

（1）创建舞台

本项目为密码开锁。为了在舞台上清晰展示开锁的过程，使用默认的空白背景。

（2）添加角色

删除默认的熊猫角色，接着我们来创建新的角色。单击"添加角色"按钮，在慧编程角色库内选择"道具"选项，然后选择"lock1"角色，单击"确定"。修改"lock1"角色名字为"锁"，将其移动到舞台合适位置，并调整至适宜大小。打开角色"锁"的造型选项，复制"lock1"造型，系统自动命名为

"lock2"，使用填充和移动工具对造型进行修改，并分别命名为"开锁"和"锁"。如下图所示：

2.搭建脚本

第一步，搭建光环板脚本。

（1）建立变量

新建六个变量分别是"密

码""一""二""三""四""输入"，其中变量"密码"用来存储预设密码，"一""二""三""四"分别用来存储先后输入的四个密码值，"输入"用来存储最终输入的密码。如下图所示：

（2）初始化变量

变量已经准备好了，接下来我们对变量进行初始化设置。当绿旗被点击的时候，分别将四个密码值变量设为0，将变量"输入"设为0，将变量"密码"设为1234，换成"锁"的造型。

参考程序如下图所示：

（3）输入密码

如果触摸传感器"0"被触摸，将变量"一"设为1，如果触摸传感器"1"被触摸，将变量"二"设为2，如果触摸传感器"2"被触摸，将变量"三"设为3，如果触摸传感器"3"被触摸，将变量"四"设为4。使用"运算"中的连接积木将变量"输入"设为连接变量"一二三四"。

连接积木 连接 苹果 和 香蕉 的用法是把前后两个分离的字符参数连在一起组成一个新的字符。例如"苹果"和"香蕉"是两个独立的字符，使用连接积木把它们连接在一起后组成了一个新的词组"苹果香蕉"。

参考程序如下图所示：

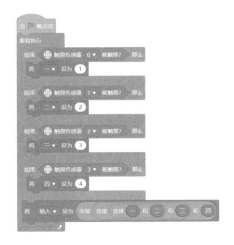

（4）测试密码输入

光环板的程序已经编写好了，我们先来测试一下，连接光环板，选择在线模式。看看能否正确输入密码呢？为了方便我们判断观察，我们在舞台区显示变量，这样就能够看到变量的变化了，现在来测试程序吧，点击绿旗，变量已经初始化完毕。如图所示：

接下来我们按下光环板上的触摸键，观察一下变量是否能够正确存储数值。从图中我们可以看出变量已经存储了相应的数值，说明我们的程序运行正常。

第二步，搭建"锁"角色脚本。

初始化密码和输入密码的程序已经能够正常运行了，接下来是我们的最后环节了，那就是判断输入的密码是否和设定的密码一致，如果一致则开锁，如果不一致则继续保持"锁"的状态。

首先我们给角色"锁"添加一个"当角色被点击"的事件，舞台显示请输入密码2秒，重复执行如果输入的密码与设置的密码一致，则舞台显示密码正确，造型切换到"开锁"的状态，否则舞台显示密码错误，继续保持"锁"的造型。

玩转物联网与人工智能——基于光环板

参考程序如下图所示：

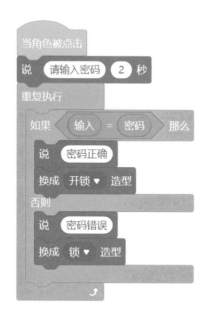

第三步，互动测试。

一切准备就绪，连接光环板，选择在线模式。测试一下光环板与锁角色的互动，赶紧输入密码看看我们是否能够打开这把锁吧！我的锁打开了，你们的锁打开了吗？

舞台效果图如下图所示：

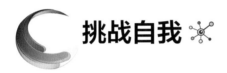

挑战自我

1.在上面的项目中，我们通过触摸光环板上的触摸键，设置了四位密码，如果要设置一个五位的密码，你打算如何设计密码开锁？

2.我们的程序不管先按哪个触摸键，该触摸键的数值都会存储到对应的变量里，所以只要四个触摸键被触摸过，不管触摸的顺序如何都能够顺利开锁，并不能做到第一次触摸的数值存储在变量"一"中，第二次触摸的数值存储在变量"二"中，如何编写一下必须按顺序触摸才能开锁的程序呢，不妨自己试一下。

 知识加油站

3D人脸识别解锁

随着人脸识别技术的成熟，人脸识别门锁也进入普通人的生活中。以前的密码锁和指纹锁状态相对稳定，都是恒定不变的，而人脸却是动态的，眼睛、鼻子和嘴巴加上表情都是动态的，有时候发型、妆容等都可能影响到人脸识别。在早些时候，多采用2D人脸解锁，受姿势、表情、光线环境影响较大。现在多采用3D人脸识别门锁，通过3D摄像头为用户建立毫米级人脸模型，并通过活体检测和人脸识别算法，检测跟踪人体面部的特征，与门锁内存储的三维人脸信息进行对比，完成人脸验证后才开锁，与传统的2D人脸解锁相比，3D人脸识别解锁实现了高精度人脸识别和无感开锁，识别精度更高，识别效果更加稳定，目前3D人脸识别门锁是智能门锁安全等级最高的。

第 18 课

小小神枪手

 果果：游乐场里的射击打靶游戏真好玩！

 可可：我也很喜欢，不如一起用光环板设计一款打靶小游戏吧！

 思维向导

  不仅游乐场里时常见到激光打靶游戏机，现在大学军训中也悄悄出现它的身影。激光打靶不仅免去了实弹打靶的风险，也让学生体验了射击的乐趣，掌握了基本的射击技能。本节课通过对光环板左右上下移动找准靶标点，按下光环板按钮，打中靶标并及时报出打中几环，超出一定的范围报出脱靶。

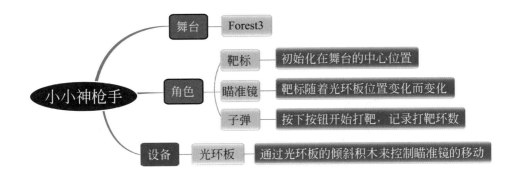

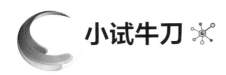

小试牛刀

1. 创建舞台和角色

（1）创建舞台

我们先来创建舞台，单击"背景"，然后单击"添加背景"按钮。在慧编程背景库内选择"户外"选项，接着选择"Forest3"背景，单击"确定"。背景如下图所示：

（2）添加角色

删除默认的熊猫角色，接着我们来创建新的角色，单击"添加角色"按钮，单击"我的角色"，然后单击"上传角色"按钮，从本地文件夹上传靶标的角色，将它的大小设置为50。如下图所示：

选中靶标角色，打开"造型"对话框，单击造型工具中"⊕"中心点工具，单击图片靶

心位置，设置靶心造型的中心为中心点。如下图所示：

使用同样的方法上传瞄准镜角色，设置瞄准镜造型中心点。如下图所示：

继续添加"子弹"角色，单击"添加角色"，在弹出的对话框中单击"绘制角色"。如下图所示：

在出现的绘制工具中，单击"圆形"，绘制"子弹"。单击"转成位图"把"子弹点"转成"矢量图"，然后单击"  "，设"子弹"造型的中心为中心点。如下图所示：

2.搭建脚本

第一步，搭建光环板脚本。

通过光环板的倾斜积木来控制瞄准镜的移动，当绿旗被点击，重复执行：判断光环板朝哪个方向倾斜，如果光环板向左倾斜时，广播"左"；如果光环板向右倾斜，广播"右"；如果光环板箭头向上，广播"上"；如果光环板箭头向下，广播"下"；如果按下光环板按钮，广播"打靶"。

参考程序如下图所示：

第二步，搭建"靶标"角色脚本。

当绿旗被点击的时候，靶标角色移动到X：0，Y：0的位置，也就是舞台的中心位置，后移1层显示。通过此脚本可以使瞄准镜角色在靶标的上一层显示。

参考程序如下图所示：

第三步，搭建"瞄准镜"角色脚本。

（1）确定位置

当绿旗被点击的时候，瞄准镜角色移动到X：0，Y：0的位置，也就是舞台的中心位置与靶标角色重合。

参考程序如下图所示：

（2）舞台上移动

当接收到广播"左"时，将X坐标增加–1，也就是瞄准镜在舞台上向左移动；当接收到广播"右"时，将X坐标增加1，也就是瞄准镜在舞台上向右移动；当接收到广播"上"时，将Y坐标增加1，也就是瞄准镜在舞台上向上移动；当接收到广播"下"时，将Y坐标增加–1，也就是瞄准镜在舞台上向下移动。

参考程序如下图所示：

第四步，搭建"子弹"角色脚本。

（1）初始化隐藏

当绿旗被点击的时候，将子弹角色隐藏。

参考程序如下图所示：

（2）克隆自己

当接收到广播"打靶"时，克隆自己，将每次打靶的环数在舞台上显示。参考程序如下图所示：

（3）记录打靶环数

当子弹角色作为克隆体启动时，在舞台的最前面显示，移动到瞄准镜的X、Y坐标并显示。判断子弹克隆体与靶标之间的距离，如果距离小于18，舞台显示10环；如果距离大于18且小于36，舞台显示9环；如果距离大于36且小于54，舞台显示8环；如果距离大于54且小于72，舞台显示7环；如果距离大于72，舞台显示脱靶，并给程序加上重复执行。

参考程序如下图所示：

（此处为参考程序图）

第五步，互动测试。

一切准备就绪，连接光环板，选择在线模式。测试一下光环板与角色的互动，单击绿旗，当光环板向左倾斜时，瞄准镜向左移动；当光环板向右倾斜时，瞄准镜向右移动；当光环板箭头向上，瞄准镜向上移动；当光环板箭头向下，瞄准镜向下移动；移动靶标到合适位置，按下光环板按钮时，开始打靶，每次打靶的结果显示在舞台上。

舞台效果图如下图所示：

挑战自我

1.在上面的项目中，我们通过光环板向左倾斜、向右倾斜、箭头向上、箭头向下和按下按钮实现了打靶游戏，程序编写成功后喜悦益于身心。如果让靶标在舞台上不停左右移动需要如何修改程序，你打算如何设计呢？

2.我们在游戏中会碰到许多场景，通过练习试着让游戏在特定时刻进行到下一个场景需要如何设计？

 知识加油站

游戏适可而止

游戏必须给使用主体带来直接的快感和乐趣，这是它的主要目的。同时，主体必须参与互动，包括动作、眼神、感情上能够引起快乐的行为。

玩游戏好处有：游戏使人聪明，游戏可以锻炼人对周边事物更快做出判断思维，同时对事物有着更灵敏的反应度。很多游戏都考验玩家的观察力和做出果断判断选择的能力，玩游戏能提高很多工作人员的效率。

　　游戏的坏处：很多玩家玩起游戏来没有时间概念，长时间玩游戏会让我们的视力下降，太沉迷游戏会影响学业和工作。玩游戏不要太痴迷，当成打球一样的娱乐活动就可以。

第 19 课

看得见的声音

 果果：给你变个魔术，让你看看我唱歌时候的声音。

 可可：这么神奇，我只能用耳朵感受声音，从来没有看见过呢！

 果果：那就拭目以待吧！

 思维向导

　　声音是由物体振动而产生的声波，它能够通过介质的传播让人们利用听觉系统来感知。但随着科学技术的发展，声音不仅可以用耳朵听，也可以形象地让人们看见，例如在马路上随处可见的噪声检测器，那么就让我们自己去看一看声音。首先我们上传歌曲，然后认识"数据图表"扩展，最后借助变量来让声音呈现出来。

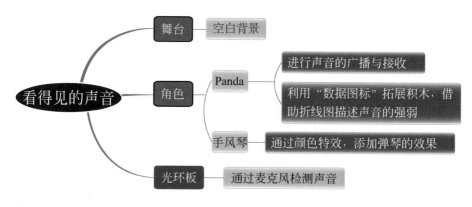

1.创建舞台和角色

（1）创建舞台

本项目为了在舞台上清晰展示小熊猫弹琴的过程，使用默认的空白背景。

（2）添加角色

保留默认的熊猫角色，接着我们来创建新的角色，单击"添加角色"按钮，在慧编程角色库内选择"音乐"选项，然后选择"Accordion2"角色，单击"确定"后改名为"手风琴"。如下图所示：

2.搭建脚本

第一步，搭建光环板脚本。

建立一个声音变量来收集光环板的麦克风检测到的音量大小，新建变量"声音"，当绿旗被点击的时候，重复执行将变量声音设为麦克风的响度。

参考程序如下图所示：

第二步，搭建手风琴角色脚本。

为了呈现出弹琴的效果，我们使用增加颜色的特效，当绿旗被点击的时候，重复执行：将颜色特效增加25并等待0.5秒。

参考程序如下图所示：

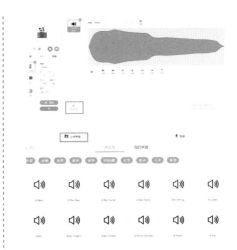

第三步，搭建 Panda 角色脚本。

（1）添加声音

当绿旗被点击的时候，广播"接收声音"，然后添加播放声音积木。播放声音的程序编写完成后，单击左下角的"声音"，进入"声音"窗口，再单击"添加声音"，即可上传所需要的声音。

参考程序如下图所示：

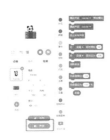

（2）插入数字图表

在角色"Panda"中，继续编写脚本。单击模块区下方的"添加扩展"，然后在扩展中心里找到"数据图表"，单击"添加"即可。

扩展中心

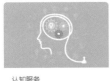

认知服务
开发者：mBlock
通过认知服务的人工智能 API，向应用添加影像、语音、语言和知识功能

机器学习
开发者：mBlock
在不直接编程的情况下训练电脑进行学习，创建类似于人脑的人工神经网络

数据图表
开发者：mBlock
数据可视化，一图胜千言

帐号云广播
开发者：mBlock
通过帐号云广播，实现同帐号作品间跨设备和跨作品的数据互联

接下来，我们要设置数据图表的信息，依次是图表标题、图表类型以及轴标题名称，注意接收信息后，第一步要先清空图表数据（本节内容以折线图为例）。

参考程序如下图所示：

当接收到 收集声音 ▼

清空图表数据

设置图表标题 看得见的声音

设置图表类型为 折线图 ▼

设置轴标题名称: X轴 时间 Y轴 声音

打开图表窗口

针对轴标题的X轴的时间和Y轴的声音，需要分别插入变量才能实现。我们新建变量"时间"，赋值变量"时间"的初值为0，并把"时间"和"声音"两个变量中的数据输入到数据图表"看得见的声音"中，每输入一次数据时间的值增加1。这里新建立一个时间变量，将时间和声音两个变量分别作为X轴的参数、Y轴的参数。注意插入变量之后，要将数值分别输入折线表中，本次记录是每隔1秒记录1次声音。

参考程序如下图所示：

当接收到 收集声音 ▼

清空图表数据

设置图表标题 看得见的声音

设置图表类型为 折线图 ▼

设置轴标题名称: X轴 时间 Y轴 声音

打开图表窗口

将 时间 ▼ 设为 0

重复执行

　输入 看得见的声音 的数据: X轴 时间 Y轴 声音

　将 时间 ▼ 增加 1

　等待 1 秒

第四步，互动测试。

一切准备就绪，连接光环板，选择在线模式。测试一下光环板与角色的互动，单击绿旗，让我们看一看，在动听的音乐下，能不能看到声音的大小。我的声音看见了，你的呢？

声音效果图如下图所示：

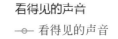

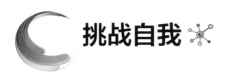

1.在上面的项目中，我们通过麦克风收集声音得到了声音的折线图，你能不能用类似的方法，得到触摸传感器的不同触摸值呢？

2.我们已经得到了声音和触摸值的变化数值，通过数据图表还可以观察哪些数据的变化呢？请想一想，试一试。

 知识加油站

声音的用处

声音时刻存在于我们的生活之中，除了真空之外，声音可以在多种介质中进行传播。优美舒缓的音乐可以在大脑中产生平静的化学反应；同样的，清晨的噪声也会让你心情烦躁。不可否认的是，声音具有惊人的力量，那么它除了常见的传递信息、产生情绪波动之外，还有哪些用处呢？据调查研究发现，声音有很多用处。最常见的是超声波，主要应用于回声定位、愈合伤口、种植粮食和治疗癌症等多个方面。

第 20 课

智能停车

 果果：现在的汽车都非常智能，停车时能够360°地提示你周围的情况。

 可可：真厉害啊！

 果果：我们用光环板模仿一下智能停车吧。

 可可：太好了，让我们开始吧！

思维向导

　　随着社会的发展，汽车已经成了各家各户必不可少的交通工具。随着车辆的增多，停车位也成了非常抢手的资源，有些司机经常停车不规范，造成停车位的浪费。今天我们一起来制作一个智能停车程序，模仿把车停入车位的效果，借助光环板的触摸传感器，让车辆能够上、下、左、右行驶，从而实现车辆智能停车。

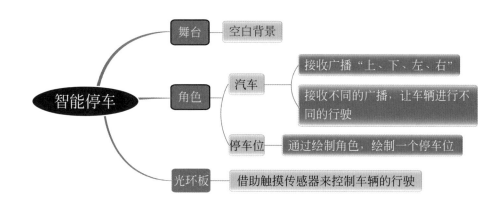

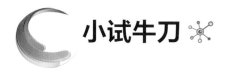

小试牛刀

1.创建舞台和角色

（1）创建舞台

本项目为智能停车，为了在舞台上清晰展示停车的过程，使用默认的空白背景。

（2）添加角色

删除默认的熊猫角色，单击"添加角色"按钮，在慧编程角色库内选择"交通"选项，然后选择"car47"角色，单击"确定"后改名为"汽车"。如下图所示：

然后再单击"添加角色"，选择"绘制角色"，利用线条工具绘制一个"停车位"角色，绘制完成后修改名字为"停车位"。如下图所示：

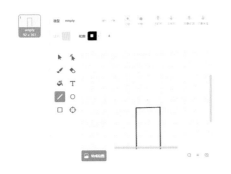

2. 搭建脚本

第一步，搭建光环板脚本。

利用触摸传感器广播消息，当绿旗被点击时，触摸触摸传感器的"0、2、1、3"，分别广播"上、下、左、右"消息。

参考程序如下图所示：

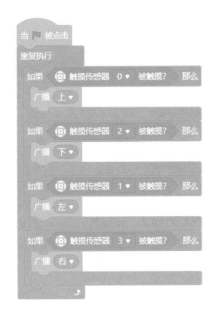

第二步，搭建"汽车"角色脚本。

光环板已经广播消息，接下来给"汽车"编写程序。

（1）汽车上下移动

当接收到广播"上"，将Y的坐标增加2；当接收到广播"下"，将Y的坐标增加-2；由于光环板的触摸传感器比较灵敏，所以汽车角色Y坐标每次只增加2。

参考程序如下图所示：

（2）汽车左右转向

当接收到广播"左"，汽车左转5°；当接收到广播"右"，汽车右转5°。

参考程序如下图所示：

玩转物联网与人工智能——基于光环板

（3）一键停车

当按下空格键，等待1秒后，在3秒内滑行到X：−80，Y：y坐标。调整好汽车角色的车头方向以及与停车位平行的位置，就可以先按下空格键，让车停在车位的正前方，再慢慢倒入车位中。

参考程序如下图所示：

（4）让汽车回到初始位置

当绿旗被点击，让汽车移动到X：155，Y：−122，回到初始位置。

参考程序如下图所示：

第三步，互动测试。

程序已经编写完毕，接下来我们测试一下，运行程序，把车停入停车位。

停车效果图如下图所示：

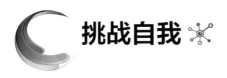

挑战自我

1.我们已经通过触摸传感器进行智能停车，那么你可以借助光环板的哪个传感器，让车辆回到停车位上。

2.我们已经完成了智能停车，但是你也可能会发现，停车的方式不是我们生活中的停车方式，生活中汽车不会以车的正中心为中心点进行转弯。你能不能借助生活中倒车的场景，重新设计一个与我们真实停车场景相同的智能停车程序呢？

知识加油站

智能生活

随着社会的进步、科学技术的发展，人们的生活已经发生了巨大的变化，生活的节奏加快，而且生活的方式也更加智能。现在，人们也逐渐进入了智能生活的时代，包括智能社交、智能家居、智能穿戴、智能购物等。智能生活依托于云计算技术，为满足人们生活的需求、提升服务质量，采用主流的互联网通信渠道，配合各种智能家居设备，构建智能家居控制系统，带来新的生活方式。

第 **4** 章
物联网初探

第 21 课

灯言灯语

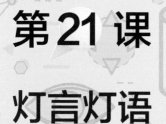

 果果：可可，还记得怎么让光环板上的灯亮起来吗？

 可可：当然记得，可以用声音、触摸等多种方式呢。不过我还想使用物联网功能用一个光环板控制另一个光环板的灯亮起来。

 思维向导

　　局域网是指在局部地区形成的区域网络。通过局域网把分布在不同物理位置的计算机设备连在一起，在网络软件的支持下相互通信和资源共享。本节课我们制作一个灯语装置，通过两个光环板，借助局域网传递信息，当触摸到第一个光环板不同的触摸传感器，另一个光环板发出不同颜色的灯光。

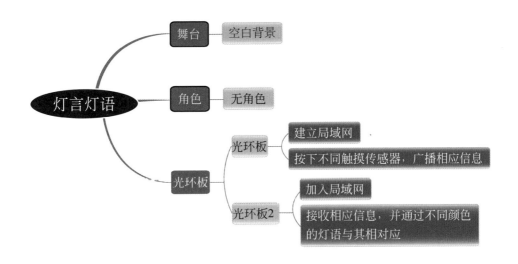

小试牛刀 ✳

1.认识局域网积木

本节课我们将要用到局域网模块进行编程，下面我们一起来认识它们。局域网模块包括以下六个积木：

① 建立局域网积木 ，在参数栏中输入局域网的名称，它的功能是建立一个自主命名的局域网。

② 加入局域网积木 ，在参数栏中输入要加入的局域网的名称，它的功能是加入一个已知名称的局域网。

③ 面向局域网广播消息积木 ，在参数栏中输入要广播的消息名称，它的功能是向加入到局域网中的设备广播消息。

④ 面向局域网广播消息并发送值积木 ，第一个参数输入消息名称，第二个参数输入要发送的数值。它的功能是向加入到局域网中的设备广播消息并发送数值。

玩转物联网与人工智能——基于光环板

⑤ 接收局域网广播积木，在参数栏输入广播名称，它的功能是收到局域网中的广播消息，执行下面的积木。

⑥ 局域网广播收到值积木，在参数栏输入广播名称，它的功能是接收广播消息中的数值。

2.搭建脚本

第一步，建立、加入局域网。

首先在设备里添加"光环板"，并选择"上传"模式，连接设备，在光环板启动时，建立名为"对话"的局域网。

参考程序如下图所示：

然后在设备里添加"光环板2"，连接设备，在光环板启动时加入名为"对话"的局域网。

参考程序如下图所示：

第二步，广播信息。

现在局域网已经创建好了，接下来，我们将在局域网里广播信息。选中建立局域网的光

环板，编写程序。如果按钮被按下，面向局域网广播消息"暗语"并发送数值"5"，如果触摸传感器0、1、2、3被触摸，分别面向局域网广播消息"暗语"并发送数值"0、1、2、3"。

参考程序如下图所示：

第三步，接收信息。

选中设备"光环板2"编写

128

程序，当接收到广播信息"暗语"时，执行相应的命令。如果"暗语"的数值分别为"0、1、2、3、5"，则光环板的全部LED灯分别显示红色、绿色、黄色、蓝色和粉色。

参考程序如下图所示：

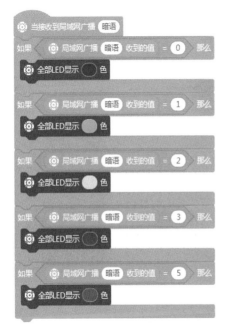

第四步，上传程序。

由于当前慧编程只支持连接一台设备，连接当前设备，则另一台已连接设备会自动断开，因此我们需要将"光环板""光环板2"分别连接到软件，并上传相对应的程序。

第五步，脚本测试。

一切准备就绪，让我们分别

按下光环板的按钮和触摸传感器，看一看光环板2是否发出相应颜色的光芒，赶快试一试吧。

程序效果图如下图所示：

挑战自我

1.你已经初步掌握了如何用局域网让一个光环板控制另外一个光环板的灯,你能不能用两个光环板设置SOS灯语呢?

2.我们已经会用局域网连接两个光环板,那么三个光环板怎么连接在同一个局域网呢?请你试一试。

 知识加油站

无线局域网

无线局域网又称WLAN,指应用无线通信技术将计算机设备相互联系起来,构成可以进行资源共享的互联互通的网络体系。它的本质是不再使用通信电缆将计算机与网络连接起来,而是通过无线的方式连接,从而使网络的构建和终端的移动更加灵活。无线局域网可以传输音频、视频、文字且很少被干扰,能够在很大程度上提高办公的效率。

第 22 课

坐姿提醒器

 果果：可可，你写作业的时候脸都快趴到桌面上了。

 可可：是啊，我刚开始还能坐直，可写着写着就忘了。

 果果：我们做一个坐姿提醒器怎么样？

 可可：太好了，这样我就不会坐姿不正确了。

思维向导

　　错误的坐姿会对学生产生很多的不良影响，比如视力下降、脊椎变形等，长此以往，会影响学生的生长发育。坐姿提醒器可以时刻"监视"学生的坐姿是否正确，对于学生的健康成长有很大的帮助。使用两个光环板，当第一个光环板的俯仰角大于120°时，第二个光环板的LED灯闪烁，提醒人们坐姿不正确。

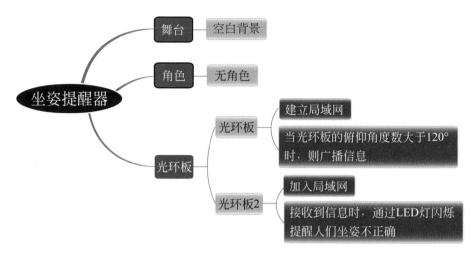

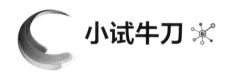

小试牛刀

1.测试运动传感器姿态积木

在第9课《灯光沙漏》中，我们对"感知"类模块中的 运动传感器 俯仰角▼ 姿态(°) 进行了测试，它主要用来报告光环板运动传感器检测到的俯仰角、翻滚角姿态值，本节内容只用到俯仰角的度数。

下面我们进行测试。在设备里添加"光环板"，并选择"在线"模式，与软件进行连接。在"感知"积木里选择"运动传感器俯仰角姿态"积木，进行测试。大家会发现当光环板的箭头向上时，俯仰角的姿态为90°左右，当光环板开始向前弯曲时，俯仰角会慢慢地变大。

运动传感器 俯仰角 姿态(°) 87

运动传感器 俯仰角 姿态(°) 122

2.搭建脚本

第一步，建立、加入局域网。

将设备里"光环板"设置为"上传"模式，当光环板启动时，建立名为"学习"的局域网。

参考程序如下图所示：

然后在设备里添加"光环板2"，当光环板启动时，加入名为"学习"的局域网。

参考程序如下图所示：

第二步，判断俯仰角姿态。

当按钮被按下时，开始判断俯仰角的姿态。如果俯仰角的姿态大于120°，则面向局域网广播"坐姿不正确"。

参考程序如下图所示：

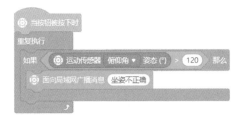

第三步，接收广播。

当设备"光环板2"接收到广播"坐姿不正确"时，让光环板灯光进行闪烁。为了引起自己的注意，应当将闪烁的时间减小，设为0.2秒，并把重复的次数设为3次。

参考程序如下图所示：

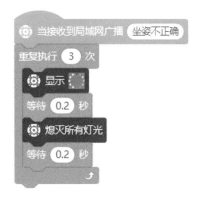

第四步，上传程序。

分别将"光环板"和"光环板2"的程序上传到相应的光环板。

第五步，脚本测试。

现在我们来测试一下坐姿提醒器的效果吧！当我低头时另一个光环板发出了警示的灯光，是不是非常实用呢？你也快点做一个坐姿提醒器吧。如下图所示：

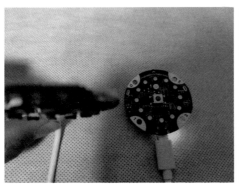 

挑战自我

1.在上面的项目中，我们通过改变俯仰角的姿态进行警示。你能不能制作一个有关翻滚角的警示的作品呢？

2.我们已经发现，刚才的坐姿提醒器是通过光亮来提醒人们坐姿要保持正确，有的时候人们可能看不见，你能不能设计一个既有光亮提醒又有声音提醒的坐姿提醒器呢？来试一试吧。

知识加油站

提醒器

随着人们生活水平的提高、生活节奏的加快，越来越多的提醒器慢慢进入了人们的生活，例如瞌睡提醒器、坐姿提醒器、视力保护器等各种物品，那么这些器材是怎么帮助人们的生活呢？原来它们是依靠分析人们存在的某些隐患而制成的。例如瞌睡提醒器，它是一种主要利用电子平衡原理制作的电子装备，用来预防人们在开车、学习、开会中出现打瞌睡现象。一旦人们在做事过程中犯困，头部向前倾斜，佩戴在耳朵上的该装置就会发出提示报警声。

　　生活中还存在很多需要提醒器的地方，希望聪明的你能够及时发现，并能够顺利地解决。

第 23 课

抢答器

 可可：今年的诗词大会可真精彩啊，尤其是抢答环节，竞争太激烈了。

 果果：抢答考验的是选手的速度，不如今天我们就制作一个抢答器吧！

 可可：好啊。

 思维向导

　　抢答器是通过电路设计，快速准确地定位第一个想回答问题的人员。在知识竞赛、文体娱乐活动比赛中，能公正、准确、直观地确定出抢答者的号码。我们可以通过多个光环板制作一个抢答器，首先设计一个光环板作为命令发布者，其余光环板作为抢答者，利用灯光决定出谁先抢到。

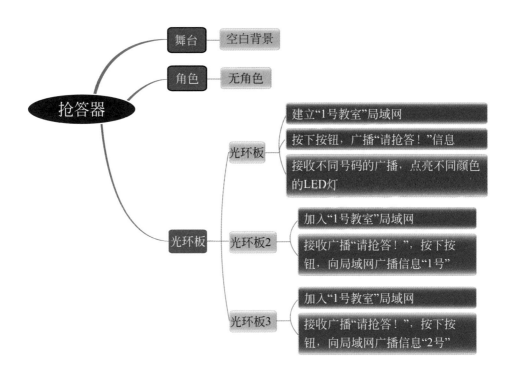

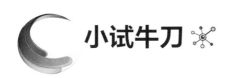

小试牛刀

搭建脚本

第一步，建立、加入局域网。

将设备里"光环板"改为"上传"模式，连接光环板，当光环板启动时，建立名为"1号教室"的局域网。

参考程序如下图所示：

然后在设备里添加"光环板2"和"光环板3"，当光环板启动时，分别加入名为"1号教室"的局域网。

参考程序如下图所示：

第二步，光环板广播"请抢答！"。

建好了局域网，接下来我们用"光环板"向"光环板2"和"光环板3"发送抢答指令。当按钮被按下时，面向局域网广播"请抢答！"

第三步，接收广播"请抢答！"。

现在"请抢答！"命令已发出，"光环板2"和"光环板3"要进行抢答。首先我们要确保"光环板2"和"光环板3"都接收到命令，因此在接收到广播"请抢答！"时，"光环板2"和"光环板3"都点亮光环板，两个光环板的脚本相同。

参考程序如下图所示：

第四步，抢答问题。

现在两个光环板都接收到命令，接下来我们对两个光环板进行抢答问题的编程。对于"光环板2"，当按钮被按下时，面向局域网发送广播信息"2号"；对于"光环板3"，当按钮被按下时，面向局域网发送广播信息"3号"。

光环板2参考程序如下图所示：

光环板3参考程序如下图所示：

第五步，发现抢答者。

当"光环板2"和"光环板

3"发出抢答信号后，我们要让发令者"光环板"接收到广播。因此当"光环板"接收到"光环板2"的广播"2号"时，光环板的第2颗LED灯亮红色2秒，然后熄灭。当"光环板"接收到"光环板3"的广播"3号"时，光环板的第3颗LED灯亮绿色2秒，然后熄灭。这样我们就可以快速、准确地发现几号抢答速度更快。

参考程序如下图所示：

第六步，脚本测试。

一切准备就绪，让我们发布命令，看一看2号和3号，谁能抢到第一个命令呢？你也快来试一试吧。

程序运行效果图如下图所示：

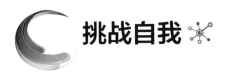

挑战自我 ✳

1.在上面的项目中，我们已经制作了通过不同颜色的灯光来抢答的项目，那么我们能不能利用声音来确定谁能抢到命令呢？来试一试吧。

2.我们已经可以通过灯光和声音来确定抢答者，你能不能将灯光和声音联系在一起，让我们确定抢答者更加具体的情况呢？你还有没有其他不同的方法来确定抢答者？

 知识加油站

抢答器小科普

生活中，我们常会用到抢答器，比如五路抢答器，当其中任一路按下后，其他几路即会失效，最终结果为第一次按下的，借助于数码管、LED灯或者是声音来显示。但大多数抢答器不能显示时间，因此便需要制作出可以显示时间的抢答器。国内首台可以将所有选手抢答时间同步显示出来并自动排序的抢答器，精度高达0.00001秒，开创了抢答领域新时代，让比赛没有争议且更具娱乐性。

第 24 课

你来比划我来猜

 果果：可可，你玩过"你比我猜"的游戏吗？

 可可：玩过，很考验默契。

 果果：我们用光环板来做一个类似的游戏吧！

 可可：好啊！

思维向导

  你来比划我来猜，是一个考验两个人默契的游戏，既考验比划人的描述能力，也考察猜题人的逻辑思维能力。现在我们要做一个类似的游戏，我们可以不看水果，仅依据看到的颜色便知道摸到了哪种水果。首先要将一个光环板的触摸传感器连接水果，当触摸触摸传感器时，进行广播信息，最后通过局域网传递给另一个光环板，亮出相应水果颜色的灯光。

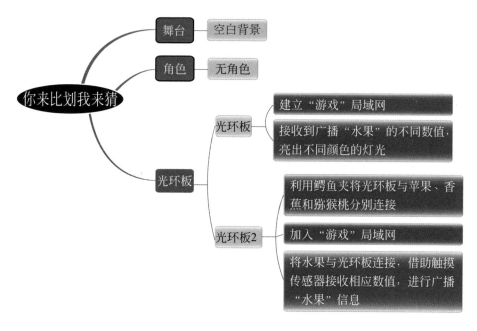

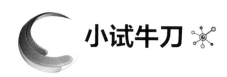

小试牛刀

1. 连接光环板与水果

在"设备"中，添加两个光环板，用鳄鱼夹将光环板2的"0、1、2"三个触摸传感器分别与苹果、香蕉和猕猴桃相连接。

2. 搭建脚本

第一步，建立、加入局域网。

将设备里"光环板"改为"上传"模式，当光环板启动时，建立名为"游戏"的局域网。

参考程序如下图所示：

选中"设备"中的"光环板2"，当光环板启动时，加入名为"游戏"的局域网。

参考程序如下图所示：

第二步，广播水果信息。

现在我们已经连接好了设备，接下来给"光环板2"编写程序，当加入到局域网后，分别接触苹果、香蕉和猕猴桃，当触摸某个水果时，面向局域网广播信息"水果"，并分别赋值为"0、1、2"，最后我们再同时触摸苹果和香蕉，面向局域网广播信息的赋值为"3"。

参考程序如下图所示：

果广播信息是"2"，光环板亮绿色，代表摸到猕猴桃；如果广播信息是"3"，光环板一半是红色、一半是黄色，代表同时触摸了苹果和香蕉。

参考程序如下图所示：

第三步，接收信息。

当"光环板2"发送广播之后，"光环板"需接收信息，当"光环板"接收到局域网广播"水果"后，如果广播信息是"0"，光环板亮红色，代表摸到苹果；如果广播信息是"1"，光环板亮黄色，代表摸到香蕉；如

第四步，上传程序。

分别将"光环板"和"光环板2"的程序进行上传。

第五步，脚本测试。

按下按钮，再分别触摸不同的水果，观察光环板发出光的颜色。"红色—苹果""黄色—香蕉""绿色—猕猴桃""半红半黄—苹果和香蕉"。

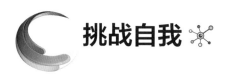

1.现在我们会通过颜色来判断触摸的水果，那么你能不能设计一个简单的水果计算器？

2.简单的猜物体的作品你已经会做了，请结合之前学习的抢答器的原理，制作一个水果抢答器。

 知识加油站

大数据

为什么我们看到苹果会想到红色，看到香蕉会想到黄色，甚至你在阅读新闻的时候，平台会向你推荐你喜欢的文章，这些都是通过大数据的分析而得到的结果。那么什么是大数据呢？简言之，大数据不是简单地利用各种工具进行数据收集，而是需要新处理模式才能具有更强的决策力、洞察发现力和流程优化能力的海量、高增长率和多样化的信息资产。因此，我们可以看出大数据的五个特点：大量、高速、多样、低价值密度和真实性。

第 5 章
玩转人工智能

第 25 课

语音控制智能灯

 果果：可可，天黑了，可以帮忙打开灯吗？

 可可：好的。

 果果：谢谢。灯太亮了，老师说看电视的时候灯光暗一点比较好。

 可可：好吧，真想送你一个灯光遥控器。

 果果：你是说用遥控器控制灯光？那么，能用声音控制灯光吗？嘻嘻！

 可可：好主意，我们可以试试！

思维向导

　　智能声控灯，顾名思义，就是用声音来控制灯光的亮度。要实现这个效果，我们首先需要麦克风获取用户的语音信息，然后将声音信号转变成文字命令，根据不同的用户命令控制灯光产生不同的亮度效果。

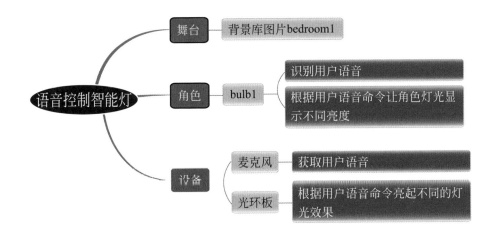

认识新积木 ✖

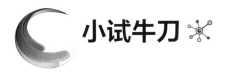：开始普通话语音识别积木，参数1可以选择汉语-普通话、英语、法语等语种，参数2可以设置语音识别的时间2秒、5秒、10秒。

〔语音识别结果〕：语音识别结果积木，勾选后可以在舞台上显示识别后的结果。

小试牛刀 ✖

1.创建舞台和角色

（1）导入背景

先来创建舞台，单击"背景"，然后单击"添加背景"按钮。使用背景库图片bedroom1。在背景图编辑界面输入文字提醒用户：请

pre玩转物联网与人工智能——基于光环板

按下空格键，说控制灯光的命令。

背景如下图所示：

（2）添加角色

删除掉默认的熊猫角色，在慧编程角色库添加"bulb1"，修改名称为"灯光"，并且为灯光增加造型：bulb2。如下图所示：

2.搭建脚本

第一步，添加认知服务扩展积木。

要使用认知服务，需要用户登录慧编程才能继续，可以直接使用微信或者QQ账号快捷登录。

接下来我们添加扩展。单击慧编程模块区左下角的"添加扩展"按钮，会弹出"扩展中心"窗口，选择"认知服务"，在积木类型列表中就会出现"视频侦测"类别。如下图所示：

扩展中心

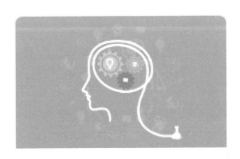

认知服务

开发者：mBlock

通过认知服务的人工智能API，向应用添加影像、语音、语言和知识功能

本节编程使用的认知服务模块包含开始汉语普通话语音识别、语音识别结果等。具体名称和功能简介参照前文中的"认识新积木"。

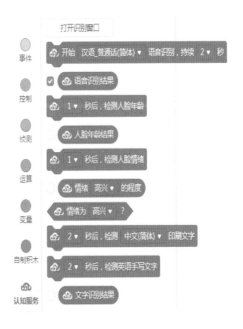

第二步，给角色添加脚本。

（1）为"灯光"添加程序积木

当绿旗被点击，让灯光角色隐藏。

当用户按下空格键，开始识别语音命令。

参考程序如下图所示：

单击"模块"区中的"自制积木"，单击"制作新的积木"按钮，在弹出的"新建积木"对话框中输入"开关灯"，单击"确定"。

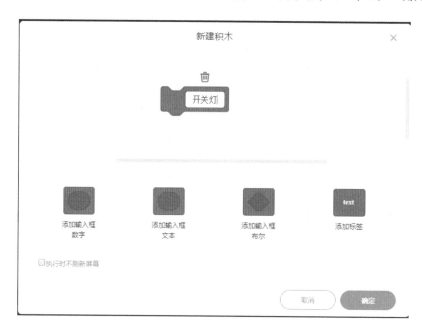

通过自制积木的方式可以制作我们需要的功能，在我们需要时直接调用即可。

如果语音识别结果为"打开"，让"灯光"角色显示，并且广播"打开"消息给光环板。如果语音识别结果为"关闭"，让"灯光"角色隐藏，并且广播"关闭"，将消息传递给光环板。

参考程序如下图所示：

用同样的方法，写出"看电视"命令对应的程序，看电视的灯光亮度稍微暗一些。

参考程序如下图所示：

我们还可以试一试给"灯光"角色添加一个"唤醒"命令。让灯光逐渐变亮，然后再逐渐熄灭。

参考程序如下图所示：

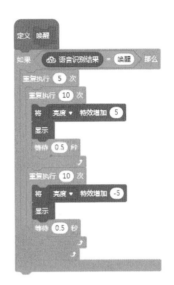

（2）为光环板添加程序积木

当绿旗被点击，光环板熄灭所有灯光。

当光环板接收到广播消息"打开"时，光环板灯光亮起。

当光环板接收到消息"关闭"时，光环板灯光熄灭。

参考程序如下图所示：

第三步，互动测试。

程序准备好了，再次查看自己是否登录了慧编程软件。如果登录成功，就可以连接设备光环板，点击绿旗，按下空格键，试试语音命令："打开"，场景中灯光点亮了吗？光环板亮起来了吗？再次按下空格键，试试"关闭""看电视""唤醒"命令。你的语音命令能被程序执行吗？

1.在上面的项目中，我们用不同的语音命令控制舞台灯光效果和光环板灯光，你能在舞台中添加一个语音控制的智能风扇吗？

2.语音控制依赖于语音识别技术，思考一下，如果我们把麦克风集成到光环板上，还能做出哪些方便生活的智能产品？把你的创意写下来与小伙伴分享吧。

 知识加油站

智能语音识别系统

随着物联网的发展，智能家居已经慢慢从风口项目变成未来的"刚需"。那么智能家居的背后，都有哪些神奇的"魔法"呢？最基本的就是语音识别了，让机器能听懂人的声音，此外还有语音唤醒、语音合成等AI技术。

通过语音识别技术，我们可以与智能娃娃对话，可以用语音对玩具发出命令，让其完成一些简单的任务，甚至可以制造具有语音锁功能的电子看门狗。

　　我们可以用语音控制电视机、空调、电扇、窗帘的操作，而且一个遥控器就可以把家中的电器全部用语音控制起来，这样，可以让令人头疼的各种电器的操作变得简单易行。

第 26 课

翻译小能手

 可可：今年的夏令营会有很多外国人，可是我不懂他们国家的语音怎么跟他们打招呼呢？

果果：这个好办，我们可以做一个翻译小程序，提前练习和他们交流的一些日常用语。

思维向导

　　人们的生活中越来越多地用到翻译软件，比如百度翻译、人人词典等，还有生活中备受人们喜爱的译呗、阿尔法蛋、魔脑神笔等便携式翻译产品。今天我们用慧编程软件制作一个翻译小程序，实现汉语翻译成英语或者法语功能。添加朗读模块和翻译模块之后，用户输入汉语，并选择需要翻译成哪种语言，通过消息传递，程序将汉字翻译成其他语言显示在屏幕上，并通过朗读模块将发音读出来。

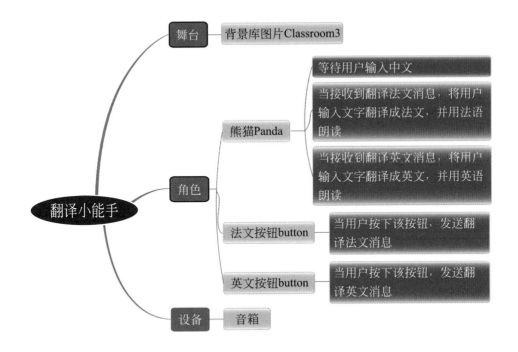

认识新积木

朗读 hello ：朗读积木，语音方式朗读出文本内容。

使用 中音▼ 嗓音 ：使用嗓音积木，设置朗读时候所使用的嗓音。

将朗读语言设置为 英语▼ ：设置朗读语言积木，设置朗读时候所使用的语种（如中文、英文、日语等），朗读的语种要与将朗读的内容对应上。

将 你好 译为 巴斯克语▼ ：翻译积木，将文本内容翻译成对应的目标语言。在前面文本框内填入要翻译的内容，后面下拉菜单即翻译的目标语言，翻译语言多达61种。

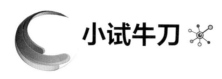

1.创建舞台和角色

（1）创建舞台

我们先来创建舞台，单击"背景"，然后单击"添加背景"按钮。在慧编程背景库内选择"室内"选项，接着选择"Classroom3"背景，单击"确定"。背景如下图所示：

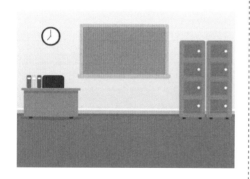

（2）添加角色

除了使用默认的熊猫角色，我们还要创建两个新的角色，单击"添加角色"按钮，在慧编程角色库内选择"道具"选项，然后添加"Game button2"角色，修改名称为"法文"，打开法文角色的造型选项，使用文本工具

输入"法文"。如下图所示：

同样的方法，在慧编程角色库内选择"道具"选项，再次添加一个"Game button2"角色，修改名称为"英文"，打开英文角色的造型选项，使用文本工具输入"英文"。如下图所示：

2.搭建脚本

第一步，添加文字朗读和翻译扩展模块。

我们首先来添加扩展，单击

慧编程模块区左下角的"添加扩展"按钮，会弹出"扩展中心"窗口，依次选择"文字朗读"和"翻译"。如下图所示：

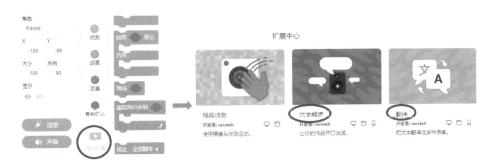

在积木类型列表中就会出现"文字朗读"和"翻译"类别。如下图所示：

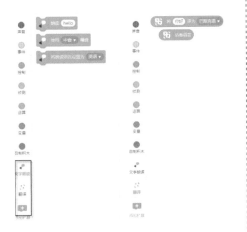

"文字朗读"和"翻译"积木块的具体名称和功能简介参照前文中的"认识新积木"。

第二步，搭建法文角色脚本。

当"法文"角色被点击，广播法文消息。

参考程序如下图所示：

第三步，搭建英文角色脚本。

当"英文"角色被点击，广播英文消息。

参考程序如下图所示：

第四步，搭建熊猫角色脚本。

（1）请输入要翻译的中文

为熊猫角色添加脚本。当绿旗被点击，询问并等待用户输入，然后说出"回答"。

参考程序如下图所示：

玩转物联网与人工智能——基于光环板

根据提示"请输入要翻译的中文",在输入框内输入要翻译的中文内容,比如"你好",点击对号,舞台上的"回答"就显示相应的"你好"。

程序运行效果图如下图所示:

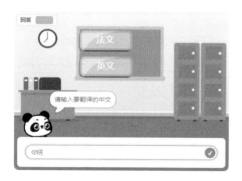

(2)将中文翻译成法文并朗读

当接收到法文消息,舞台上显示中文被翻译后的法文,同时使用中音嗓音来朗读翻译后的法语。

参考程序如下图所示:

在上面的程序中,![将 回答 译为 法语]积木块是将输入的中文内容,也就是用户的"回答"翻译为法语。

(3)将中文翻译成英文并朗读

当接收到英文消息,舞台上显示中文被翻译后的英文,同时使用中音嗓音来朗读翻译后的英文。

参考程序如下图所示:

第四步,输入汉字,测试程序是否翻译成功。

程序编写好了,点击绿旗,看看是否能翻译成功。试试输入:你好,很高兴见到你。然后分别单击"英文"按钮或者"法文"按钮，熊猫翻译的效果图如下图所示：

 挑战自我

1.在上面的项目中，我们实现了汉语翻译英文和法文的任务，我们的程序还可以翻译成哪种语言？可以用儿童语音朗读吗？试试看。

2.如果要将翻译功能集成到光环板上，方便随身携带，设想一下，还需要哪些技术支持？

 知识加油站

随身翻译

随着生活水平的提高，"语言关"替代"口袋紧"成了出国旅行的一大障碍，虽然现在很多App都可实现即时翻译，但是在准确性、易用性方面却难让人满意。毕竟出门在外，人生地不熟，一款好用且便携的即时翻译工具尤为重要。

一台优秀的智能随身翻译机，除了内置海量内容资源，能充分利用碎片化的学习时间练习口语、听力，它还应该拥有即讲即译功能，出门在外，无论是点餐、购物、街头求助，都可随时随地应用。当然，这台翻译器顺利工作的前提是周围有Wi-Fi信号，方便翻译器访问远程服务器资源。如果你是在室外，可以打开手机流量，然后打开手机热点，为翻译器提供网络信号。

第 27 课

玩转打击乐

果果：可可，今天外面风雨交加，我们只能待在室内了。

可可：是啊，好想放松一下，玩什么好呢？

果果：我们搞个音乐会怎么样？

可可：好呀，可是身边没有乐器……

果果：那就设计个演奏乐器的小程序吧！

可可：太好了！

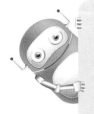

思维向导

　　打击乐是音乐名词，泛指用打、击方式发声的乐器（打弦乐器除外）。它很容易发声，声音变化相当丰富。在打击乐学习的过程中，学到的不仅仅是节奏，还能掌握音乐的基础知识。本节课我们利用光环板和慧编程结合制作打击乐，通过摄像头捕获用户运动速度，进而触发不同的打击乐声音，与此同时，光环板产生不同的灯光闪烁效果。

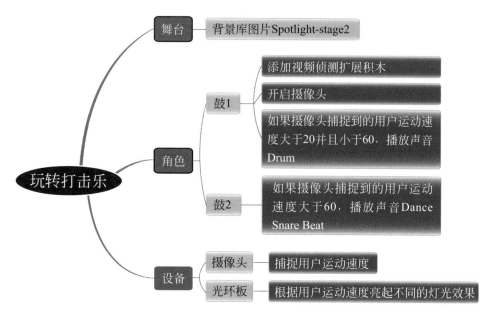

认识新积木 ✦

当视频运动 > 10 ：当视频移动判断积木。当摄像头画面发生变化时，即可触发程序运行，数值越低越容易触发，如设置阈值为100时，你在镜头前狂挥手也不一定能触发成功。

相对于 角色 ▾ 的视频 运动 ▾ ：相对于角色的视频运动积木。角色视频侦测用于多个角色一起与视频进行互动，此积木块返回的是数值大小。数值大小决定于画面运动部分与角色的重合程度。当没有重叠时，数值大小为1，当有运动重叠时，数值就会变大。这个积木块一般用于数值的大小判断。

开启 ▾ 摄像头 ：开启摄像头积木。只要加载视频侦测插件，摄像头就默认开启，也可以手动关闭或者开启。

将视频透明度设为 50 ：设置视频透明度积木。设置视频透明度，0为不设置透明度，100为镜头几乎全白。数值越大，视频的透明度越高。

小试牛刀

1.创建舞台和角色

（1）创建舞台

我们先来创建舞台，单击"背景"，然后单击"添加背景"按钮。在慧编程背景库内选择"室内"选项，接着选择"Spotlight-stage2"背景，单击"确定"。背景如下图所示：

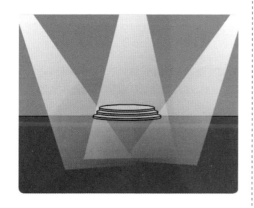

（2）添加角色

删除默认的熊猫角色，接着我们来创建新的角色。单击"添加角色"按钮，在慧编程角色库内选择"音乐"选项，然后添加"drum18"和"drum27"两个角色，修改名称为"鼓1"和"鼓2"。如下图所示．

2.搭建脚本

第一步，添加视频侦测扩展。

我们首先来添加扩展，单击慧编程模块区左下角的"添加扩展"按钮，会弹出"扩展中心"窗口，选择"视频侦测"，在积木类型列表中就会出现"视频侦测"类别。如下图所示：

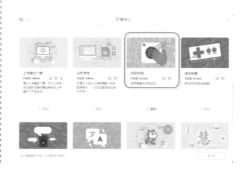

（1）为"鼓1"添加程序积木

我们想让鼓1在运动幅度比较小的情况下就能响起鼓音，我们开始编写程序。当绿旗被点击的时候，开启摄像头，将视频的透明度设置为90，这样舞台基本看不到摄像头捕捉到的物体。重复执行：如果摄像头捕捉到的运动幅度大于20并且小于60，广播浪花消息，我们让鼓响起来。

参考程序如下图所示：

视频侦测包含4个积木块，具体名称和功能简介参照前文中的"认识新积木"。

第二步，搭建角色脚本。

（2）为"鼓2"添加程序积木

视频侦测积木自带了一个视频运动判断积木 当视频运动 > 60 ，当视频运动相对于角色大于60的时候，也就是视频内侦测到的物体运动幅度比较大的时候，广播流星消息，并播放声音"Dance Snare Beat"等待播完。

参考程序如下图所示：

当视频运动 > 60
广播 流星
播放声音 Dance Snare Beat 等待播完

第三步，搭建光环板脚本。

当光环板接收到点亮灯光的不同消息时，我们给它设置相对应的消息触发事件，当接收鼓1发送来的浪花消息，光环板播放LED动画浪花直到结束；当接收鼓2发送来的流星消息，光环板播放LED动画流星直到结束。

参考程序如下图所示：

第四步，互动测试。

一切准备就绪，连接光环板，选择在线模式。测试一下光环板与角色的互动。先在摄像头左侧轻微晃动身体，启动鼓1；在摄像头右侧做出大幅度动作，启动鼓2。鼓声和光的互动是不是同步呢？赶快测试感受互动吧！

 挑战自我 ✳

1.在上面的项目中，我们主要用到了视频侦测扩展模块，如果要程序根据用户不同的运动方向发出不同的声音和灯光效果，要怎样修改程序？

2.其实打击乐声音只是慧编程音频库里的部分声音，你能添加其他乐器，改进程序的音乐演奏效果吗？对此，你有什么好的创意编程思路？试试看。

 知识加油站

虚拟人物动作模拟

近些年，在大型文艺演出活动中，使用人工智能技术让虚拟3D人物模拟人的舞蹈动作呈现出炫酷效果，令观众拍案叫绝。

对于动画人物来说，要让他们做出模拟人类移动的动作，或者将虚拟角色带入生活并不是一件简单的事情。这里需要运用动作捕捉技术记录并数字化复制人体运动以创建3D动画。

运动捕捉基于计算机图形学原理，通过传感器——光学摄像头或电磁传感器将运动物体（如人）的运动状态记录下来，最终得到基于时间维度的各个观测点的三维空间坐标，其运动数据质量的高低取决于捕捉观测点的准确程度，因此在对运动状态记录精度要求较高的应用（如大型电影、面部表情动画、运动分析、精细肢端动作交互等）中，均需使用专业运动捕捉服装并在服装上准确设置观测点标志，如光学式捕捉系统用的反光球或电磁式传感器与电缆。

动作捕捉技术通过录制并以数字化方式复制人类运动来制作3D动画。在《指环王》系列电影中，安迪·瑟金斯（Andy Serkis）便通过动作捕捉技术扮演了哈比人咕噜姆（Gollum）一角。

第 28 课

情绪识别

 果果：可可，你能猜出我现在心情怎样吗？

 可可：这还不简单，都露出八颗牙齿了，当然是开心啦，嘻嘻……

 果果：看我变化一下表情，再猜猜……

 可可：皱着眉头，嘴角向下弯，是生气吗？

 果果：又被你猜对了，如果我们能做一个情绪识别小程序，一定很好玩！

 可可：好主意！

思维向导

    表情是用面部特点表达自己的感情、心情，是表现在面部或姿态上的思想感情，一般包括眼睛、眉毛、嘴巴等器官的形状变化。今天我们制作一个能识别表情和年龄的小程序。主要原理是：通过摄像头获取用户面部图像，程序通过调用智能识别积木猜测用户情绪状态和年龄。

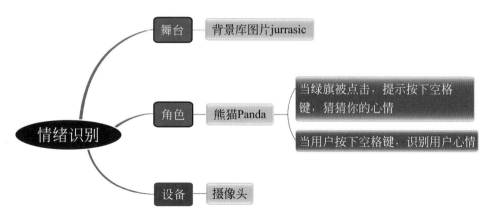

认识新积木 ✳

`2 秒后，识别人脸情绪`：当摄像头捕捉到用户面部表情图像后，根据面部特征，智能判断人的情绪。

`情绪为 高兴 ？`：用于条件判断语句，根据情绪识别结果执行相应操作。

`情绪 伤心 的程度`：以数字形式反馈情绪识别程度。

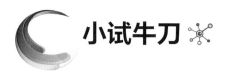

小试牛刀 ✳

1.创建舞台和角色

（1）创建舞台

由于本节课要使用人工智能服务模块，我们需要登录慧编程才能继续。可以直接使用微信或者QQ账号快捷登录。

从素材背景库图片中添加"自然类"背景图"jurrasic"，如图所示：

（2）添加角色

使用默认的熊猫角色。

2.搭建脚本

第一步，添加人工智能服务扩展模块。

接下来我们添加扩展。单击慧编程模块区左下角的"添加扩展"按钮，会弹出"扩展中心"窗口，选择"人工智能服务"，在积木类型列表中就会出现"人体识别"类别。如下图所示：

扩展中心

人工智能服务

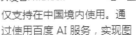

开发者: mBlock

仅支持在中国境内使用。通过使用百度 AI 服务，实现图像识别、文字识别、语音识别、人体识别和自然语言处

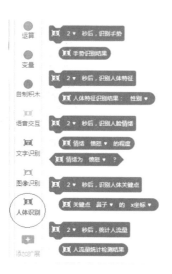

第二步，为"熊猫"角色添加脚本。

为熊猫角色添加脚本。当绿旗被点击，提醒用户按下a键可以识别用户情绪。

参考程序如下图所示：

接下来，用户按下a键，程序执行不同的表情操作：高兴、愤怒、恐惧、伤心。

参考程序如下图所示：

我们需要分别定义四个表情对应的函数过程，用"情绪为 高兴？"和"情绪 伤心 的程度"模块识别用户表情。根据不同的表情识别结果，用外观类"说"积木给出用户反馈信息。"高兴"函数模块如下：

同样的方法，完成"愤怒""恐惧""伤心"模块。如图所示：

第三步，互动测试。

点击绿旗，看到提示：

按下空格键或者a键，识别效果图如图所示：

 挑战自我

1.在上面的项目中，我们实现了表情的识别，你能继续改进程序，识别人的性别吗？

2.如果可以将摄像头以及表情识别功能集成到光环板上，方便随身携带，随时使用，设想一下，这项技术可以用在生活中哪些场景？

 知识加油站

面部表情识别技术

面部表情识别技术是近几十年来才逐渐发展起来的，由于面部表情的多样性和复杂性，并且涉及生理学及心理学，表情识别具有较大的难度，因此，与其他生物识别技术如指纹识别、虹膜识别、人脸识别等相比，发展相对较慢，应用还不广泛。但是表情识别对于人机交互却有重要的价值，因此国内外很多研究机构及学者致力于这方面的研究，并已经取得了一定的成果。

第 29 课
中英文识别

 果果：可可，我今天带来了好多识字卡和单词卡，想不想玩？

 可可：太棒了，不过，遇到不认识的汉字或者单词怎么办？

 果果：我们做个"中英文识别"帮助我们吧？

 可可：好啊！

思维向导

在学习过程中，我们往往会遇到很多不认识的汉字或单词，为了了解它们的含义，我们往往需要查阅资料。但随着科技的发展，现在只需采用电脑中文字识别就可以了。文字识别分为两个具体步骤：文字的检测和文字的识别，两者缺一不可。下面我们将分别检测汉字和单词，当识别后，分别显示相应的物体。

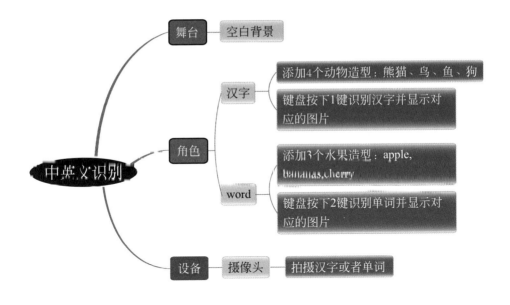

认识新积木 ✳

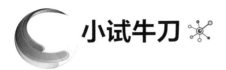：检测语言印刷体积木，接收指令 2秒后，检测中文（简体）印刷字体的内容。

（英语手写字体积木）：检测英语手写字体积木，接收指令2秒后，检测英语手写字体的内容。

小试牛刀 ✳

1.创建舞台和角色

（1）创建舞台

本项目为中英文识别，为了在舞台上清晰展示识别中英文的结果，使用默认的空白背景，但在空白背景上备注识别项目的要求：

"按下数字键1：

识别汉字熊猫，鸟，鱼，狗

按下数字键2：

识别单词apple，bananas，cherry

想要识别更多文字，请继续修改程序"

背景如下图所示：

按下数字键1：
识别汉字熊猫，鸟，鱼，狗
按下数字键2：
识别单词apple，bananas，cherry
想要识别更多文字，请继续修改程序

（2）添加角色

保留默认的"Panda"角色，修改名称为"汉字"，打开汉字角色的造型选项，单击"添加造型"选项，再在慧编程造型库内选择"动物"选项，然后添加"Bird13""Dog33"和"Fish23"三个造型，如下图所示：

同样的方法在慧编程角色库内选择"食物"选项，然后添加"Cherry"角色，修改名称为"word"，打开word角色的造型选项，单击"添加造型"选项，再在慧编程造型库内选择"食物"选项，然后添加"Apple"和"Bananas"造型，如下图所示：

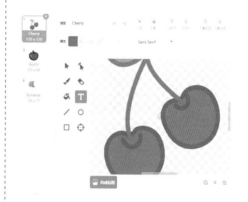

2.搭建脚本

第一步，添加认知服务扩展。

我们首先来添加扩展。单击慧编程模块区左下角的"添加扩展"按钮，会弹出"扩展中心"窗口，选择"认知服务"，在积木类型列表中就会出现"认知服务"类别。如下图所示：

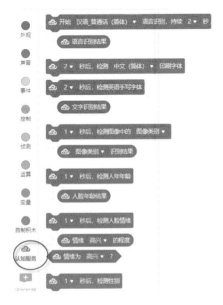

认知服务包含多个积木块，本节课用到的积木块具体名称和功能简介参照前文中的"认识新积木"。

第二步，搭建汉字角色脚本。

为了体现对汉字的识别，我们采用汉字和图片相对应的关系来实现。当按下数字键1时，汉字角色隐藏，2秒之后对中文（简体）印刷字体的内容进行检

测，检测5秒之后，如果检测的文字识别结果是熊猫，那么将显示造型"Panda"，如果检测的文字识别结果是鸟，那么将显示造型"Bird13"，如果检测的文字识别结果是鱼，那么将显示造型"Fish23"，如果检测的文字识别结果是狗，那么将显示造型"Dog33"。

参考程序如下图所示：

第三步，搭建word角色脚本。

同样的，为了体现对单词的识别，我们也采用单词和图片相对应的关系来实现。当按下数字键2时，单词角色隐藏，2秒之

后对英语手写字体的内容进行检测，检测3秒之后，如果检测的单词内容是apple，那么将显示造型"Apple"，如果检测的单词内容是cherry，那么将显示造型"Cherry"，如果检测的单词内容是bananas，那么将显示造型"Bananas"。

参考程序如下图所示：

第四步，检测汉字或单词，测试程序是否识别成功。

程序编写好了，按下数字键1，将汉字卡片放在摄像头前，识别成功了吗？按下数字键2，将单词卡片放在摄像头前，结果如何？中英文识别的效果图如下图所示：

按下数字键1：
识别汉字熊猫，鸟，鱼，狗
按下数字键2：
识别单词apple，bananas，cherry
想要识别更多文字，请继续修改程序

按下数字键1：
识别汉字熊猫，鸟，鱼，狗
按下数字键2：
识别单词apple，bananas，cherry
想要识别更多文字，请继续修改程序

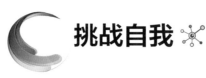

挑战自我

1.在上面的项目中，我们主要用到了认知服务扩展模块，涉及远程网络数据库的支持，需要用户登录慧编程。如果想让程序识别更多的汉字或者单词，需要怎样修改程序呢？

2.小区门口的车牌号码识别是怎样实现的？你能编写程序识别吗？试试看。

 知识加油站

文字识别技术

近些年，文字识别软件一个比一个优秀。强大的文字识别功能，能够将图片中的文字快速抓取出来，给用户编辑文字提供了极大的便利。

文字识别方法基本上分为统计、逻辑判断和句法三大类。常用的方法有模板匹配法和几何特征抽取法。

模板匹配法：将输入的文字与给定的各类别标准文字（模板）进行相关匹配，计算输入文字与各模板之间的相似性程度，取相似度最大的类别作为识别结果。这种方法的缺点是当被识别类别数增加时，标准文字模板的数量也随之增加。一方面会增加机器的存储容量，另一方面也会降低识别的正确率，所以这种方式适用于识别固定字形的印刷体文字。这种方法的优点是用整个文字进行相似度计算，所以对文字的缺损、边缘噪声等具有较强的适应能力。

几何特征抽取法：抽取文字的一些几何特征，如文字的端点、分叉点、凹凸部分以及水平、垂直、倾斜等各方向的线段、闭合环路等，根据这些特征的位置和相互关系进行逻辑组合判断，获得识别结果。这种识别方式由于利用结构信息，也适用于手写体文字那样变形较大的文字。

第30课

看图识物

 果果：可可，我这里有好多图片，咱们来玩猜图游戏吧？

 可可：好呀，这可难不倒我！这个是汽车，这个是大树，这个是狗……

 果果：等等，你的答案似乎不太准确，我们来让聪明的小动物们告诉我们这些分别是什么。

 可可：太好了！

 思维向导

　　生活中，当看到一些车辆、植物或动物时，我们有时会分不清它们的具体名字是什么，只能大概知道它是汽车、树木或者动物。为了准确知道它们的名称，我们可以应用人工智能服务系统，它能够通过图像识别准确地告诉我们眼前的事物是什么。

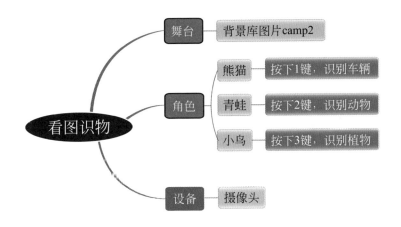

认识新积木

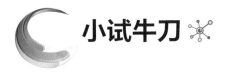：图像识别积木，接收命令2秒（5秒、10秒）后，开始图像识别通用物体（车辆、logo商标、动物、植物、图像位置、地标）。

　图像识别结果 ：图像识别结果积木，返回图像识别的结果。

小试牛刀

1.创建舞台和角色

（1）创建舞台

我们先来创建舞台，单击"背景"，然后单击"添加背景"按钮。在慧编程背景库内选择"户外"选项，接着选择"Camp2"背景，单击确定。背景如下图所示：

（2）添加角色

除了使用默认的"Panda"角色，修改名称为"熊猫"。我们还要创建两个新的角色，单击"添加角色"按钮，在慧编程角色库内选择"动物"选项，然后添加"frog"和"Bird5"角色，修改名称为"青蛙"和"小鸟"。如下图所示：

2.搭建脚本

第一步，添加人工智能服务扩展。

我们首先来添加扩展，单击慧编程模块区左下角的"添加扩展"按钮，会弹出"扩展中心"窗口，选择"人工智能服务"，

在积木类型列表中就会出现"语音交互""文字识别""图像识别""人体识别""自然语言处理"五个类别，本节课我们用到"图像识别"。如下图所示：

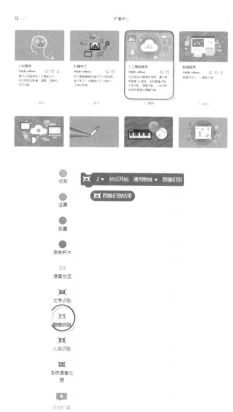

"图像识别"积木块的具体名称和功能简介参照前文中的"认识新积木"。

第二步，搭建熊猫角色脚本。

（1）输入询问要求

为熊猫角色添加脚本。当绿

旗被点击时，传达询问要求：按下1键识别车辆，按2键识别动物，按3识别植物。

参考程序如下图所示：

（2）询问车辆

当数字1被按下2秒之后，开始对车辆图像进行识别，识别之后将车辆图像识别的结果说8秒，将此程序重复执行3次。

参考程序如下图所示：

第三步，搭建青蛙脚本。

为青蛙角色添加脚本。当数字2被按下2秒之后，开始对动物图像进行识别，识别之后将动物图像识别的结果说8秒，将此程序重复执行3次。

参考程序如下图所示：

第四步，搭建小鸟脚本。

为小鸟角色添加脚本。当数字3被按下2秒之后，开始对植物图像进行识别，识别之后将植物图像识别的结果说8秒，将此程序重复执行3次。

参考程序如下图所示：

第五步，互动测试。

程序编写好了，点击绿旗，看看是否能识别成功？分别拿出不同的车辆、动物和植物图片，试一试吧！如下图所示：

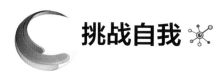

1.在上面的项目中，我们借助人工智能扩展模块，实现了不同种类物品的识别，你能改进程序，让它识别更多类型物品吗？

2.如果让你给1～3岁孩子设计一款能识别物品卡片的智能玩具，你会怎样设计？

 知识加油站

看图识物技术

人工智能（AI），这一家喻户晓的词，多少感觉离大众生活场景有些距离，比如无人驾驶、iPhone X大脑背后的AI芯片。之所以有距离感，一方面是因为尚未大规模应用，另一方面，即便像语音/人脸识别这类已经应用还算广泛的技术，仍缺乏和人类之间灵性地互动，所以大众对人工智能的感知并不那么深刻。

如今，有这样一家公司，正利用AI技术围绕关系交互在做产品，并将它带入每个普通家庭，创造人机共生的家庭环境，赋予用户最直接、稳定的交互体验，让人们在插电时代，重新找回过去不插电的快乐。

物灵科技是一家致力于用人工智能技术与设计，赋予产品更具灵性的交互体验的公司。该公司联合创始人顾嘉唯认为，未来是一个万物有灵、人机共生的世界，物灵希望把AI带入家庭，创造人机共生的环境。Luka阅读养成机器人正是在顾嘉唯带领下推出的一款针对亲子互动、早教的阅读机器人。

第31课

天气早知道

 可可：阿嚏！

 果果：可可，你这是感冒了吗？

 可可：是的，昨天出门没有看天气预报淋雨了。

 果果：下次可要注意了，这样吧，我们今天就做一个天气播报程序，
我们就可以使用这个小程序随时查看天气了。

 可可：太好了，赶紧开始吧！

思维向导

  在古代人们通过看云识天气，很多诗人也写了许多关于天气的诗句，"东风不与周郎便，铜雀春深锁二乔"就是其中一首，但是这种方法具有很大的偶然性，并不准确，现在我们利用卫星等设备进行气象监测，不但准确率很高，而且还能够预测很长时间的天气，为人们的出行提供了很大的方便。接下来我们就利用慧编程制作一个天气预报系统，在询问天气之后，能够语音播报当天的天气情况以及温度、湿度、PM2.5等信息。

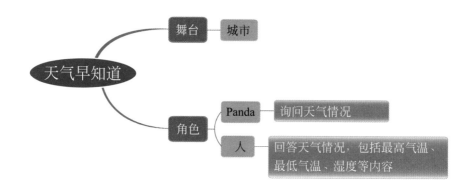

认识新积木 ✳

开始 普通话▼ 语音识别, 持续 2▼ 秒 ：语音识别积木, 对不同的语音进行语音识别2秒。

语音识别结果 ：语音识别结果积木, 返回语音识别的结果。

朗读 makeblock 童心制物 ：朗读积木, 将文本中内容进行朗读。

朗读 makeblock 童心制物 直到结束 ：朗读直到结束积木, 将文本的内容朗读完再结束。

发音人设置: 标准男声▼ ：发音人设置积木, 设置朗读时的声音（如男声、女声等）。

将 语速▼ 设为 5▼ ：语速设置积木, 设置朗读时的语速、语调和音量。

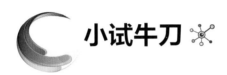

小试牛刀

1.创建舞台和角色

（1）创建舞台

我们先来创建舞台，单击"背景"，然后单击"添加背景"按钮。在慧编程背景库内选择"城市"选项，接着选择"city5"背景，单击"确定"。背景如下图所示：

（2）添加角色

除了使用默认的"Panda"角色，我们还要创建一个新的角色，单击"添加角色"按钮，在慧编程角色库内选择"人物"选项，然后添加"Aladdin"角色。如下图所示：

2.搭建脚本

第一步，添加人工智能服务扩展和气象数据扩展。

我们首先来添加扩展，单击慧编程模块区左下角的"添加扩展"按钮，会弹出"扩展中心"窗口，选择"人工智能服务"和"气象数据"扩展，在积木类型列表中就会出现"语音交互""文字识别""图像识别""人体识别""自然语言处理""气象数据"六个类别，本节课我们用到"语音交互"和"气象数据"。如下图所示：

"语音交互"积木块的具体名称和功能简介参照前文中的"认识新积木"。

第二步，搭建Aladdin角色脚本。

选中"Aladdin"角色，添加询问天气的脚本，当按下"q"键时，语音询问"今天，济南的天气如何？"，并且在舞台中出现所说的文字。参考程序如下图所示：

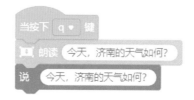

第三步，搭建Panda角色脚本。

（1）播报天气

选中"Panda"角色，当按下"w"键时，语音回答济南的天气情况。在"气象数据"模块中找到天气积木 城市 的天气 ，并拖入编程区，再把"语音交互"中的"朗读直到结束"积木和"运算"中的"连接文本"积木拖入编程区，把"连接文本"积木嵌入"朗读直到结束"积木并在第一个文本处输入"济南的天气是"，在第二个文本处嵌入"天气"积木，并单击"天气"积木上的"城市"，在弹出的"城市选择"对话框中输入"济南"，在出现的选项中选第一个即可，然后单击"确定"。

参考程序如下图所示：

为了让我们对天气了解更多，还可以增加播报其他的天气情况，如最低气温、最高气温、湿度、日出时间、日落时间以及具体气象点的空气质量各项指标等，程序的编写方法和播报天气一样，在这里不再赘述。

参考程序如下图所示：

（2）温馨提示

播报天气的功能已经实现了，为了更加方便我们的出行，我们在播报完天气之后，再加上一个温馨提示功能，如果晴天就说"天气很好，可以放心游玩"，否则就提醒"出门记得带伞"。

首先我们在"控制"模块中找到条件判断积木"如果…否则",并拖入编程区。然后在"运算"模块中找到"等于"积木嵌入条件判断积木中作为判断的条件,再把"气象数据"模块中的"天气"积木嵌入到"等于"积木的左边,选择城市为"济南",在"等于"积木的右边输入"晴",如果天气满足"晴"则使用"朗读"积木说"天气真好,可以放心游玩",否则就提醒"出门记得带伞"。

参考程序如下图所示:

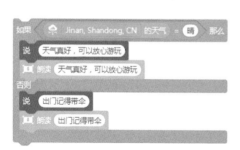

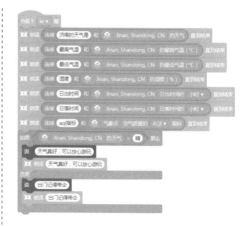

第四步,互动测试,测试程序是否成功。

程序已经编写好了,接下来让我们赶紧测试一下吧。

挑战自我

1.我们的天气预报目前只能播报预设好的济南的天气,如果想知道其他城市的天气怎么办呢?

2.是否可以在舞台中显示天气情况呢?不妨试一下吧!

知识加油站

现代天气预报系统

现代的天气预报系统，主要分为地上气象观测站、地面气象雷达系统、高层大气气象观测、气象卫星以及数据解析中心等几种分工不同、各有侧重的观测网络体系。

地上气象站主要负责采集各地的气压、气温、湿度、风向、风速、降水量、积雪深度、日照时间、云量以及空气质量等气象数据。这些数据一方面用于与其他途径采集的大气活动信息进行汇总，以便进行实时天气预报，另一方面则形成数据库，作为长期研究气候变动的宝贵资料。

地面气象雷达系统通过建立在各地的雷达设施向所在空域云层发射厘米级波长的电磁波，来观测数百千米范围内云层中的凝结核、冰晶以及雨滴或雪花的形成情况。雷达获得的数据再与地面观测站的实测结果进行汇总分析，从而实现对雨雪天气的预报。

第32课

深度学习

 果果：可可，你知道智能机器也会学习吗？

 可可：真的吗？我还是第一次听说呢，它们怎么学习啊？

 果果：那我今天就让你见识一下吧！

 可可：那还等什么，赶紧吧！

思维向导

2016年3月，阿尔法围棋（AlphaGo）与围棋世界冠军、职业九段棋手李世石进行围棋人机大战，以4：1的总比分获胜，阿尔法围棋是第一个击败人类职业围棋选手、第一个战胜围棋世界冠军的人工智能机器人，它是如何做到的呢？这都得益于计算机的学习能力，其主要工作原理是"深度学习"。

今天我们通过一个简单的例子来了解一下什么是"深度学习"。

首先我们要利用机器学习的训练模型功能训练并建立人的模型库，然后应用模型库，通过判断不同的人与模型库中模型的相似程度，确定是否为同一人，光环板根据识别的结果显示不同的灯。

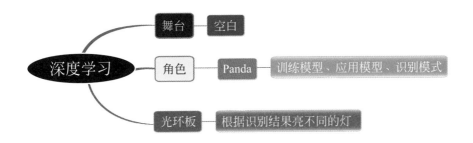

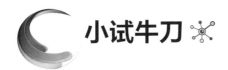 识别结果为积木，返回机器学习的识别结果，识别结果的参数名称为在机器学习时命名的分类的名称。

识别结果 识别结果积木，储存机器学习识别的结果。

女士▼ 信心 信心积木，返回识别结果的信度值。

小试牛刀 ✳

1.创建舞台和角色

（1）创建舞台

本项目为了在舞台上清晰展示小熊猫表情变化的过程，使用默认的空白背景。

（2）添加角色

展示机器学习的效果，使用默认的"Panda"角色。

2.搭建脚本

第一步，添加机器学习扩展。

我们首先来添加扩展，单击慧编程模块区左下角的"添加扩展"按钮，会弹出"扩展中心"窗口，选择"机器学习"，在积木类型列表中就会出现"机器学习"类别。如下图所示：

第二步，训练模型。

接下来我们学习一下机器学习的使用吧！

单击"机器学习"，然后再单击"训练模型"，开始训练机器学习。在弹出的模型训练对话框中，默认有三个不同的分类，也就是说，能够学习识别三种不同的对象，如果要增加数量，单击下方的"新建模型"按钮，设置模型分类的数量。

在这里我们使用默认的三种分类，在分类1中输入女士，分类2输入男士，分类3输入儿童。

接下来，我们让计算机开始学习，根据我们设置的分类，让符合条件的人站在摄像头前，左侧会显示摄像头拍摄到的画面，然后按"学习"按钮，采集不同角度的样本照片，一般来说30张左右的样本就可以了，如果想要更准确，可以多录入一些样本。

照片采集完后，我们的程序就能够识别不同的人了，站在摄像头前，可以看到每个分类下面的匹配度，女士的匹配度是60%，所以在右侧的结果区识别结果是女士。

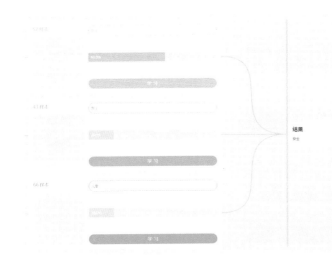

模型录入结束后单击下方的"使用模型"确定。

第三步，搭建Panda角色脚本。

选中"Panda"角色，添加使用模型的脚本，当绿旗被按下时，打开模型识别窗口开始识别，并且判断识别的结果。

首先，把"事件"中的"当绿旗被点击"积木拖入编程区，然后把"控制"中的判断积木"如果…那么"积木拖入编程区，在"机器学习"栏目中把"识别结果为？"积木嵌入判断积木作为判断的条件。

默认情况下，"识别结果为"积木会显示第一个分类的名称，单击右侧小三角可以选择识别的名称。

把"时间"栏目中的"广播"积木拖入编程区，如果识别结果为"女士"则广播"笑脸"，如果识别结果为"男士"则广播"哭"，

玩转物联网与人工智能——基于光环板

如果识别结果为"儿童"则广播"鬼脸"。

把"控制"栏目中的"重复执行"积木拖入编程区，为判断程序加上重复执行。

参考程序如下图所示：

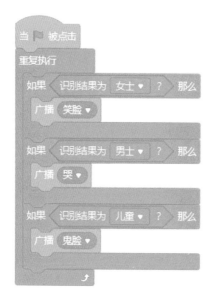

第四步，搭建光环板脚本。

（1）笑脸

当光环板接收到点亮灯光的不同消息时，我们给它设置相对应的消息触发事件，当接收"笑脸"消息时，把"灯光"中"第1颗LED显示颜色"积木拖入编程区，连续拖入7次，或者右击积木复制出7个积木，将第2和第10颗LED的颜色设为R255，G255，B255，作为笑脸中的眼

睛，将第4、5、6、7、8颗LED的颜色设为R255，G100，B100，作为笑脸中的嘴巴，等待0.1秒后熄灭所有灯光。

参考程序如下图所示：

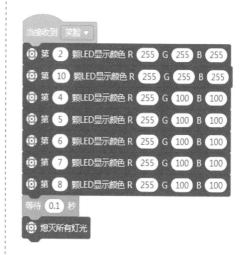

（2）哭

当接收"哭"消息时，光环板的所有LED灯，颜色使用默认的红色，等待0.1秒后熄灭所有灯光。

参考程序如下图所示：

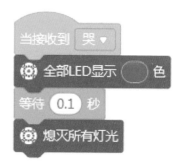

（3）鬼脸

当接收"鬼脸"消息时，光环板的所有LED灯显示默认的颜色，等待0.1秒后熄灭所有灯光。

参考程序如下图所示：

第五步，互动测试。

程序已经编写好了，接下来让我们赶紧对着摄像头测试一下吧。

儿童　　　　　　　　男士　　　　　　　　女士

挑战自我

1.我们只使用了三个分类，尝试使用更多分类进行机器学习。

2.训练的模型类型只能是人吗？可不可以是其他的东西呢？赶紧试一下吧！

玩转物联网与人工智能——基于光环板

知识加油站

什么是深度学习?

深度学习(Deep Learning, DL)属于机器学习的子类。它的灵感来源于人类大脑的工作方式,是利用深度神经网络来解决特征表达的一种学习过程。深度神经网络本身并非是一个全新的概念,可理解为包含多个隐含层的神经网络结构。为了提高深层神经网络的训练效果,人们对神经元的连接方法以及激活函数等方面做出了调整,其目的在于建立、模拟人脑进行分析学习的神经网络,模仿人脑的机制来解释数据,如文本、图像、声音。

第 6 章
Python来帮忙

第33课

初识Python

 果果：从本节课开始，我们就暂时离开图形化编程环境，开始一门新的计算机语言——Python的学习。

 可可：我还听说Python是一门人工智能开发语言，它在计算机语言排行榜中名列第一。

思维向导

　　Python是一种高级程序设计语言，它方便学习、利于使用，功能强大，在网站开发、数据分析、游戏开发、人工智能等方面得到了广泛的应用。

　　本节课我们使用Python输出文字，并且进行四则混合运算。

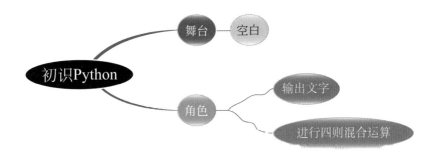

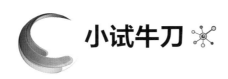

1.创建舞台和角色

（1）创建舞台

本项目使用默认的空白背景。

（2）添加角色

本项目使用默认的"Panda"角色。

2.搭建脚本

第一步，启动 Python。

运行慧编程，选中"Panda"角色，单击右上角积木/Python转换按钮，切换到 Python 语言。

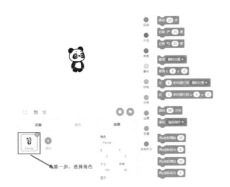

第一步，选择角色

第二步，单击Python选项

第二步，输出"Hello，world!"。

要想让Python向大家打招呼，也就是在Python中输出文字，需要使用"print"指令。

print( )是Python的基本输出命令，用来输出计算机程序运行的结果和文字。

在Python的程序编写区的第一行输入命令print（"Hello，world!"），"Hello，world!"是Python的输出内容，在慧编程的Python语言中，可以使用半角状态下的双引号，也可以是单引号。

单击"运行"按钮，在下部的运行结果显示区就会显示"Hello，world!"。

参考程序如下图所示：

print("Hello，world!")类似于积木编程中的 说 Hello，world! 。

第三步，输出中文。

在"Hello，world！"这个项目中，Python已经使用英文打招呼了，能不能使用中文来打招呼呢？只需要将输出内容换成中文就可以了。

注意：

　　在上图中输入命令后，没有出现"你好"语句，而是出现了一行红色的文字，这说明我们的命令语句有问题。在编写程序的过程中，不可避免地会出现错误（bug），需要我们仔细分析，排除程序中出现的问题，这个过程被称为debug的过程。

　　上图的程序经过分析，我们发现：Python的命令必须在英文状态下输入，print命令中的括号和双引号都需要在英文半角状态下输入。

　　我们不仅仅可以输入一行，还可以进行多行输入，只需要在一行语句输入结束后按"回车"键换行就可以了，注意一定不要把多个独立的语句写在同一行，这样运行时会出错。比如我们输入三句话"大家好""我是慧编程Python""很高兴认识你们"输入完一句后再按"回车"键，输入下面一句即可。

　　程序及运行结果如图所示：

第四步，Python 的四则运算。

计算机语言一般都具有强大的数据处理能力，Python 也不例外。Python 可以处理多种类型的数据。常见的数据类型有整数、小数、字符串等。

整数：1、2、3、4……

小数：3.5、4.6、8.9、12.4343……

字符串："apple""sdf""中国""#4编程"……

在数学中"+""-""x""÷"对应计算中的四个操作符"+""-""*""/"。运算的时候与数学运算规则一样。除了常见的这四种运算以外，Python 还有 3 种运算。具体如下：

符号	含义	例子	结果
+	加	print(3+4)	7
-	减	print(7-3)	4
*	乘	print(3*4)	12
/	除	print(6/2)	3.0
%	取两个数相除的余数	print(7%3)	1
//	取两个数相除的商	print(7//3)	2
**	指数运算	print(2**3)	8

程序及运行结果如下图所示：

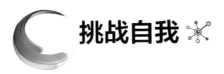 挑战自我

1.我们已经能够运用print( )命令输出文字，是否也可以输出图形呢？请试着让计算机显示下面的图形。

```
    *
  *****
*********
    *
    *
    *
    *
    *
```

2.是否可以在舞台中显示天气情况呢？不妨试一下吧！

 知识加油站

Python 是什么

Python是一种简易的计算机程序设计语言，起初，它被用于自动化脚本的编写，但随着版本的不断升级和新功能的添加，它被越来越多地应用，成为一门强大的面向对象的程序设计语言。Python具有易于学习、易于阅读、易于维护、是一个广泛的标准库、可移植和可扩展等特点。这些特点决定了Python极易被学生接受，从而推动学生今后在编程语言方面的发展。

第34课

用Python点亮灯

可可：果果，慧编程中的Python能不能点亮光环板上的灯呢！

果果：当然能了。

可可：赶紧教教我们吧。

果果：好的。

思维向导

    使用积木的方式，我们可以轻松地点亮光环板的LED灯，使用Python如何实现呢？使用Python来控制光环板，必须使用特定的函数，这些函数都封装在"halo"库中，为什么上一节课中使用的print（）函数可以直接使用呢？那是因为print（）函数属于Python的标准库，是可以直接使用的，而光环板的函数不属于Python的标准库，需要调用才能够运行。

    接下来我们就使用Python点亮光环板，去亲自体验一下吧！我们先让光环板全部亮红灯，然后再熄灭，修改LED灯的亮度，点亮单个LED灯。

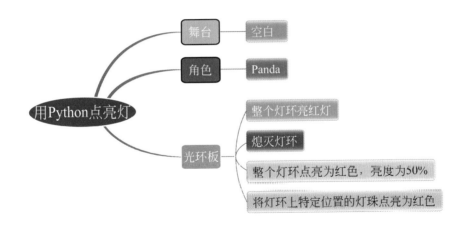

1. 搭建脚本

第一步，连接光环板。

启动慧编程软件，添加设备"光环板"，按"连接"按钮建立连接，选择"上传"模式，切换到"Python"编程界面。

玩转物联网与人工智能——基于光环板

第二步，点亮灯环（1）。

接下来我们点亮灯环，使整个灯环亮红灯。我们需要先调用"halo"函数，然后再点亮灯环。

控制LED灯也需要专门的函数，这些函数都在halo的库中，调用"halo"库需要用到import语句，import的意思是导入，所以调用光环板库的语句是：

import halo

控制整个灯环点亮的函数是show_all( )，函数中间的下划线用于增加函数的可读性，show的意思是显示，all是全部，show_all( )就是显示全部LED灯，这个函数相当于"全部LED显示积木" 🔘 全部LED显示 ● 色。

我们知道LED灯的颜色是通过红、黄、蓝三种颜色来控制的，所以如果想要显示红色，show_all( )函数中的参数需要设为255，0，0。

完整参考程序如下：

import halo

halo.led.show_all(255,0,0)

程序写好了，我们单击"上传到设备"，查看光环板的灯环是否被全部点亮为红色。

光环板显示效果如下图所示：

注意：

括号中的三个数字分别代表r、g、b，用于设置所有RGB LED灯的颜色：

r全彩LED红色分量的数值，参数范围是0～255，0为无红色分量，255是红色分量最亮。

g全彩LED绿色分量的数值，参数范围是0～255，0为无绿色分量，255是绿色分量最亮。

b全彩LED蓝色分量的数值，参数范围是0～255，0为无蓝色分量，255是蓝色分量最亮。

第三步，点亮灯环（2）。

刚刚我们通过设置数值的方式点亮了灯环，还有没有其他的方式呢？既然灯的颜色是由红、绿、蓝三种颜色决定的，也就是我们通常说的RGB，那么能不能通过对应的英文字母来设置灯环的颜色呢？我们不妨试一下吧！

首先调用halo库，为了让显示效果更明显，我们在这里让灯环亮蓝色的灯，所以把数值改为blue。

完整参考程序如下：

import halo
halo.led.show_all('blue')

在这里要注意括号中的blue需要加英文状态下的单引号。

把程序上传到光环板效果如下图所示：

由此我们可以确定通过使用颜色名称的方法也可以点亮灯环。

第四步，点亮单个LED灯。

通过前面的学习，我们已经可以用两种方法点亮灯环了，那么如何开启单个或者是某几个特定的LED灯呢？我们先来看一下光环板中灯的编号。

光环板有12个LED灯，灯的编号顺序与我们的钟表是一样的。了解了灯的编号，接下来我们点亮单个LED灯，我们需要调用show_single( )函数。single的意思是单独的，括号内的第一个参数设为LED灯的编号，后面是颜色的设置，颜色的设置与点亮灯环相同。show_single( )函数的作用相当于积木 第 1 颗LED显示颜色 R 255 G 0 B 0 。

完整参考程序如下：

import halo
halo.led.show_single(1,255,0,0)

我们上传程序到光环板查看一下运行的结果。

第五步，设置LED灯的亮度。

我们知道在积木区还有一个显示亮度的积木 ，我们使用Python语言能够控制LED灯的亮度吗？答案是肯定的，如同积木一样，我们只需在颜色参数后面输入亮度的百分比数值即可，例如我们把亮度设为50%，完整程序如下：

```
import halo
halo.led.show_all(255,0,0,50)
```

我们上传程序到设备测试一下效果：

我们可以看到亮度明显降低了许多。

点亮单个LED灯也可以设定亮度，方法相同，完整程序如下：

```
import halo
halo.led.show_single(1,255,0,0,50)
```

我们上传程序到设备测试一下效果，亮度降低了。

第六步，熄灭灯环。

我们已经能够用不同的方法点亮灯环并可以设置灯的亮度了，如何熄灭LED灯呢？

接下来我们学习一个新的函数off_all( )，这个函数的意思是全部熄灭，括号中不需要填任何参数。

为了让熄灭灯环的效果更加明显，我们先点亮灯环，然后等待1秒后熄灭灯环，等待的函数是 sleep( )，括号中填写时间，单位是"秒"。

完整程序如下：

import halo

halo.led.show_all(255,0,0)

time.sleep(1)

import halo

halo.led.off_all( )

程序已经编写好了，接下来让我们赶紧测试一下吧。通过测试我们发现光环板的灯环亮了1秒之后熄灭了。

挑战自我

1.我们能否同时点亮编号为奇数或者偶数的LED灯呢？

2.能否点亮单个LED灯后等待一定时间再熄灭呢！不妨自己编写程序试一下。

知识加油站

Python 的应用

Python是一种强大的编程语言，由于它具有简单易学的特点，深受很多开发者的青睐。它也拥有广泛的应用领域，几乎所有大中型互联网企业都在使用Python去完成各类任务，例如阿里、淘宝、新浪、腾讯等企业。它具体的应用领域主要有Web应用开发、自动化运维、人工智能领域、网络爬虫、科学计算和游戏开发等方面。总之，Python正以它独特的优点融入人们的生活之中，只有对Python进一步深入学习，才能更进一步发现它的巨大应用价值。

第35课

多边形面积

 可可：果果，Python除了能进行计算还可以干什么呢？

 果果：Python的功能可强大了，它还可以计算多边形的面积。

 可可：赶紧教教我们吧。

思维向导

在小学阶段我们认识了很多的图形并学会了计算它们的面积，每个图形都有自己的面积计算公式，今天我们就利用Python来计算三角形和圆的面积。

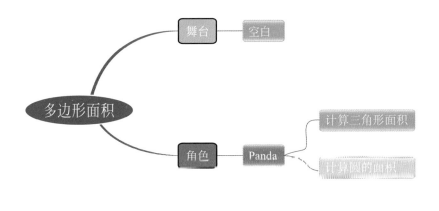

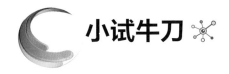

1. 创建舞台和角色

（1）创建舞台

本项目使用默认的空白背景。

（2）添加角色

本项目使用默认的"Panda"角色。

2. 搭建脚本

（1）计算特定三角形的面积

在"角色"选项中，选中"Panda"角色，切换到Python模式，我们知道三角形的面积公式是面积＝底×高÷2，要想计算三角形的面积，首先要确定三角形的底和高，这就需要用到"变量"。以计算底为6、高为5的三角形的面积为例，新建两个变量"a"和"h"来存储三角形的底和高的值，面积s=a*h/2，在这里要注意乘号不可以省略。最后输出三角形的面积值。

参考程序如下：

```
a=6
h=5
s=a*h/2
print(s)
```

我们单击"运行"按钮，查看一下运行结果：

```
1  a=6
2  h=5
3  s=a*h/2
4  print(s)
```

15.0

（2）计算指定三角形的面积

我们已经能够计算出已知底和高三角形的面积，如果我们不知道三角形的底和高，而是由程序的使用者自行输入三角形的底

和高，这样的三角形的面积该如何计算呢？

这就需要用到一个新的函数 input( )，input 就是输入的意思，它的用法是把键盘中输入的数赋值给某个变量。例如我们在键盘中输入"8"并赋值给三角形的底，就是 a=input( )，我们输出变量"a"，看看能否正确给"a"赋值。

完整参考程序如下：

```
a=input( )
print(a)
```

单击"运行"，我们看到在舞台区出现一个对话框，这时在键盘上输入"8"然后按回车键确认，或者按对话框后面的" ✅ "确认。我们可以在右下角看到运行结果为"8"，说明能够给变量"a"赋值。

用同样的方法给变量"h"

赋值，然后计算三角形的面积。

完整参考程序如下：

```
a=input( )
h=input( )
s=a*h/2
print(s)
```

单击运行，这时需要在弹出的对话框中输入两次，第一次赋值给变量"a"，第二次赋值给变量"h"，程序每运行一次就需要重新给变量赋值，这样可以计算不同三角形的面积。变量"a"和"h"的值既可以是整数，也可以是小数。

> ▶ 运行

```
8
24.0
0.375
7.5
29.759999999999998
25.2339
```

由于这个程序是我们自己编写的，所以在运行后弹出对话框时我们知道需要先输入三角形的底和高的值，但是这个程序的通用性很差，其他人不知道该如何使用，为了让我们的程序更加易读，在输入数值时给出一个提示，比如在赋值给变量"a"时，说：请输入三角形底的值，这样使用这个程序的人就能明白这个程序是什么意思。我们只需在input函数里用双引号括起来加入这一句话就可以了。同样，三角形的高也可以这样提示输入，需要注意的是，在输出三角形的面积时，引号内的话和面积s中间需要用英文状态下的逗号隔开。

完整参考程序如下：

```
a=input("请输入三角形底的值：")
h=input("请输入三角形高的值：")
s=a*h/2
print("三角形的面积是：",s)
```

程序写好了，我们运行一下看看是否如我们设想的一样呢？

玩转物联网与人工智能——基于光环板

运行时提示我们输入三角形底和高的值，运行结果如下：

三角形的面积是：24.0

这样我们的程序就具有了更强的推广性，并且能够计算任意三角形的面积了。

（3）计算圆形的面积

通过上面的程序我们已经能够计算任意三角形的面积了，那么如何计算圆形的面积呢？

方法类似，首先我们要通过Input函数输入圆的半径值，

然后通过圆的面积公式$s=\pi r^2$来计算。

完整参考程序如下：

r=input("请输入圆的半径值:")

s=3.14*r*r

print("圆的面积是：",s)

单击运行，输入圆的半径值。

运行结果：

圆的面积是：78.5

我们可以看到已经成功计算出了半径为5的圆的面积。

 挑战自我

1.我们还学过哪些图形呢？你还记得这些图形的面积公式吗？通过Python来计算一下吧！

2.除了能够计算图形的面积还可以计算什么呢？能不能计算图形的边长呢？不妨自己设计程序试一下吧！

 知识加油站

Python 科学计算

Python 具有语法简洁、清晰的特点，并且拥有强大的类库。它能够将其他语言制作的各种模块轻松连接在一起，因此被称为胶水语言。Python 的科学库很全，应用效率很高，并且易于调试，因此 Python 与科学计算有着密切的关联。虽然 Matlab 在科学计算中有广泛的应用，但 Python 比 Matlab 拥有更广泛的脚本语言的应用范围，也有着更多的程序库支持。虽然 Matlab 中的众多功能和 Toolbox 目前还是无法替代的，但在日常的科研开发之中仍然有很多的工作可以用 Python 代替。

第36课

绘制多边形

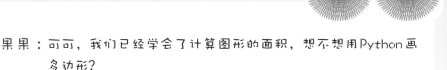

果果：可可，我们已经学会了计算图形的面积，想不想用Python画多边形？

可可：Python还可以画画吗？

果果：当然了，Python不仅可以画一些简单的图形，还能画非常复杂的图形呢。

可可：快教教我们吧！

思维向导

我们的生活中处处都离不开形状，利用不同的形状特性可以设计制作各种构件，比如利用三角形的稳定性设计桥梁，利用平行四边形的可收缩性制作伸缩门，利用圆形的摩擦力小制作轮胎等，今天我们就来学习使用Python画多边形。

既然是画图，那么就需要用到画笔，在这里我们让"Panda"角色按一定的规律移动，移动轨迹就是画出的图形。

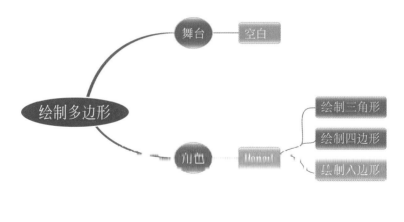

小试牛刀

1. 创建舞台和角色

（1）创建舞台

本项目为了在舞台上清晰展示画图的效果，使用默认的空白背景。

（2）添加角色

删除默认的"Panda"角色，接着我们来创建新的角色，单击"添加角色"按钮，在慧编程角色库内选择"道具"选项，然后添加"Pencil1"角色。如下图所示：

玩转物联网与人工智能——基于光环板

2.搭建脚本

（1）设置造型中心

进入角色选项卡，选中"Pencil1"角色，单击"造型"，进入造型编辑窗口，单击选择左侧工具栏中右下角的"中心点"工具，这时铅笔角色的中心位置会出现一个红色的点，该点就是铅笔的中心，同时鼠标会变成一个十字形，把十字形鼠标的中心点移动到铅笔尖上，然后单击，铅笔的中心点变成笔尖。

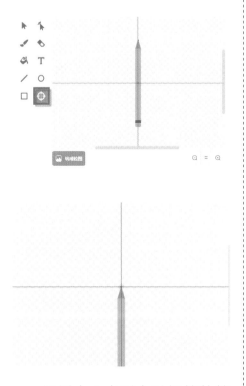

设置中心点后会以铅笔的笔

尖为中心绘制图片，这符合我们的日常习惯，否则铅笔会以自己的中心位置绘图，这不符合逻辑常规。设置完中心点后单击"关闭"按钮，确定退出。

（2）画笔初始化

进入角色选项卡，选中"Pencil1"角色，切换到"Python"模式。慧编程把很多库都加入到了mblock库中，包括角色当画笔的库，所以我们如果使用Python中的画笔功能，只需要调用mblock库就可以了，即"from mblock import*"，注意后面的星号不可以省略。

调用了函数库，接下来我们设定画笔的颜色，这就需要用到sprite.pencolor()函数，我们在括号中输入颜色的名称即可，如红色，那么画笔的设置就是sprite.pencolor('red')。

设置好画笔的颜色，我们需要先清空舞台，否则绘制的图形会每绘制一次就叠加一次，清空的函数是 clear( )，该函数不需要设置任何参数，可直接使用。

完整参考程序如下：

```
1  from mblock import *
2  sprite.pencolor('red')
3  clear()
```

（3）绘制三角形

画笔已经准备就绪，我们先来绘制三角形，以最简单的等边三角形为例。

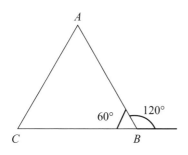

我们知道等边三角形的每一个内角都等于60°，每个内角所对应的外角都是120°，假设三角形的边长为100。从C点开始画线段CB，画笔到达B点之后需要向左旋转120°，同理到达A点后，需要再次向左旋转120°。

向左旋转的函数是sprite.left( )，在括号中输入旋转的角度即可。画线段的函数是sprite.forward( )，在括号中输入线段的长度值，因为三角形有三条边，所以要使用三次画线段和左转的函数。为了简化程序，我们使用循环变量for i in range( )，在括号中输入循环的次数。需要注意的是循环体前需要空四个字符。

梳理好了三角形的画法，最后需要调用落笔函数sprite.pendown( )，让画出的图形印到我们的舞台上。

完整参考程序如下：

```
1  from mblock import *
2  sprite.pencolor('red')
3  clear()
4  sprite.pendown()
5  for i in range(3):
6      sprite.forward(100)
7      sprite.left(120)
```

程序编写好了，我们来运行一下，单击"运行"按钮，这时会发现不但没有画出三角形，而且出现一排红色的英文。

▶ 运行

X TypeError: A.getOpcodeFunction(...) is not a function

出现这个问题的原因是我们没有给角色添加"画笔"的扩展，单击慧编程模块区左下角的"添加扩展"按钮，会弹出"扩展中心"窗口，选择"画笔"，在积木类型列表中就会出现"画笔"类别。如下图所示：

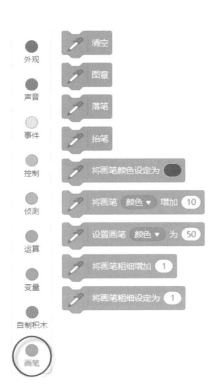

点击"Python"按钮，切换回Python编程，这时候再单击运行按钮，观察舞台区，可以看到一个红色的三角形已经绘制完成了。

（4）绘制四边形

三角形已经绘制好了，接下来我们绘制四边形吧，还是以最简单的正方形为例。

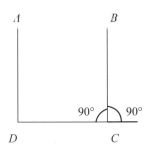

正方形的每一个内角都是90°，所以对应的外角也是90°，画完一条线段后旋转的角度是90°。

完整程序如下：

```
1  from mblock import *
2  sprite.pencolor('red')
3  clear()
4  sprite.pendown()
5  for i in range(4):
6      sprite.forward(100)
7      sprite.right(90)
```

我们运行一下程序，可以看到在舞台区已经绘制了一个边长为100的正方形。

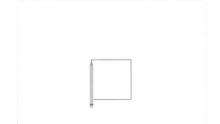

（5）绘制六边形

除了简单的多边形，复杂的多边形Python也可以绘制出来，比如六边形，六边形的每个内角是120°，它的外角是60°，所以需要左转60°。

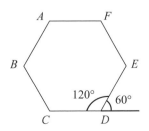

完整程序如下：

```
1  from mblock import *
2  sprite.pencolor('red')
3  clear()
4  sprite.pendown()
5  for i in range(6):
6      sprite.forward(100)
7      sprite.left(60)
```

我们运行一下程序，可以看到在舞台区已经绘制了一个边长为100的六边形。

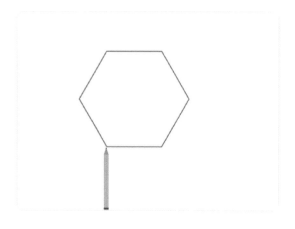

 **挑战自我**

1.我们绘制三角形时，绘制出的图形是一个上窄下宽的三角形，如果要绘制一个下窄上宽的三角形该如何修改程序呢？

2.如果是绘制正十二边形该怎么编写程序呢？

 知识加油站

Python与人工智能

Python在人工智能领域有着重大的意义，主要体现在以下几方面。

① Python除了极少的事情不能做之外，其他基本上可以说全能，系统运维、图形处理、数学处理、文本处理、数据库编

程、网络编程、Web 编程、多媒体应用、Pymo 引擎、黑客编程、爬虫编写、机器学习、人工智能等都可以做。

② Python 是解释语言，程序写起来非常方便，这对做机器学习的人很重要。

③ Python 的开发生态成熟，有很多有用的库可以用。相比而言，Lua 虽然也是解释语言，甚至有 LuaJIT 这种"神器"加持，但其本身很难做到 Python 这样。

④ Python 效率超高，解释语言的发展已经大大超过许多人的想象。

毫无疑问，使用 Python 语言的企业将会越来越多，Python 方面的人才缺口也将越来越大。